夜ながめて朝テストドリルの特長

一生モノの学習習慣が身につく！

☑ 夜と朝の脳に合った学習ができる！

夜は睡眠により記憶が定着しやすく、朝は脳が最も活発にはたらくといわれています。このドリルでは、夜と朝それぞれの時間帯の脳のはたらきに合わせた学習法で効率よく学習できます。

☑ 1回1ページで無理なく続けられる！

「夜は表のまとめページをながめて学ぶ・朝は裏の問題を解く」という無理のない量で構成されているので、負担を感じることなく、楽しくやりきることができます。

☑ テストのページで理解度を確認できる！

夜・朝のページだけでなく、テストのページも収録しています。夜・朝のページで学んだことの理解度を確認することができます。

夜ながめて朝テストドリルの使い方

1 寝る前に夜のページ(表)をながめる。

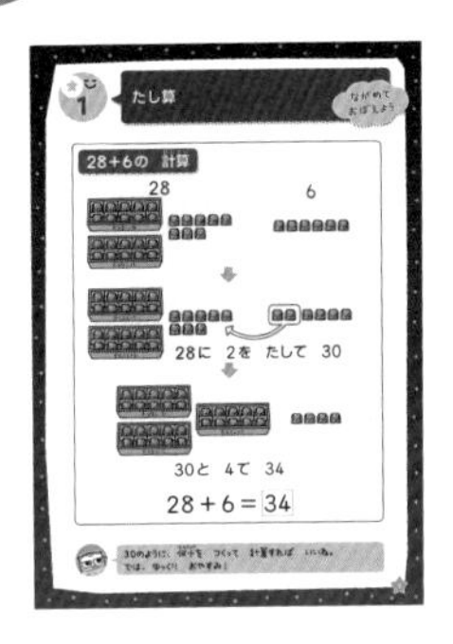

夜、寝る前は記憶のゴールデンタイムといわれています。楽しいイラストとまとめをながめながら、計算について学びましょう。１枚ずつはがして使うこともできます。

2 ぐっすり眠る。

脳は、寝ている間に記憶を整理します。ぐっすり眠って、学習した内容を定着させましょう。

3 起きたら、朝のページ(裏)の問題を解く。

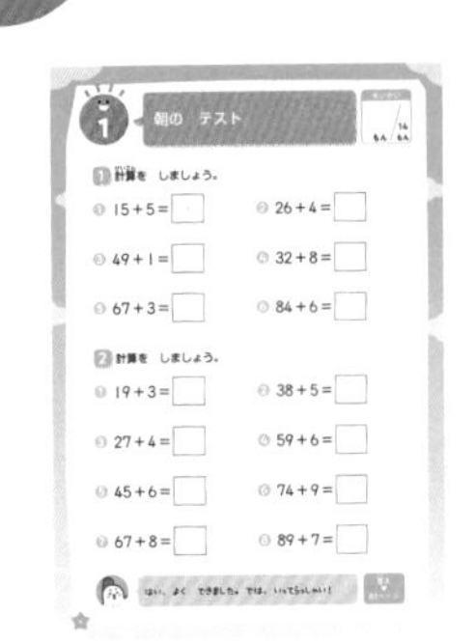

朝は脳が最も活発にはたらく時間帯です。前の日の夜に学んだことを思い出しながら、問題を解きましょう。解き終わったら、おうちの方に答え合わせをしてもらいましょう。

たし算

ながめて
おぼえよう

28＋6の　計算

28

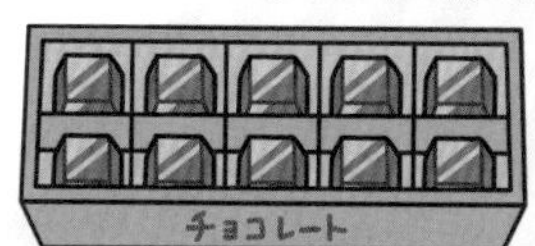

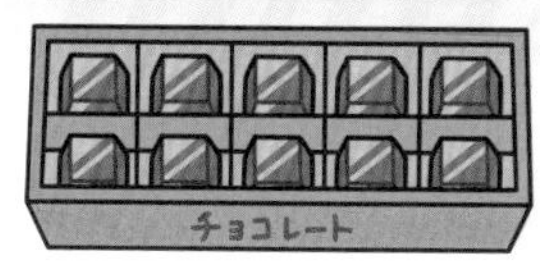

6

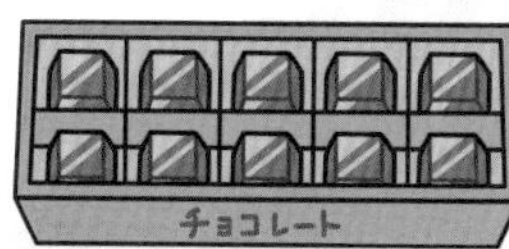

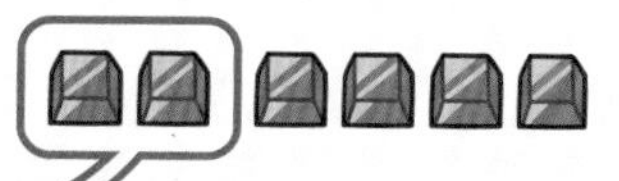

28に　2を　たして　30

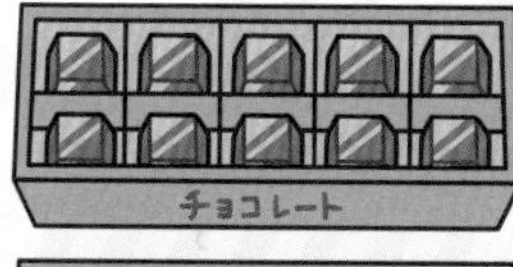

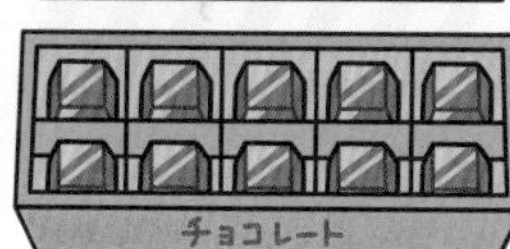

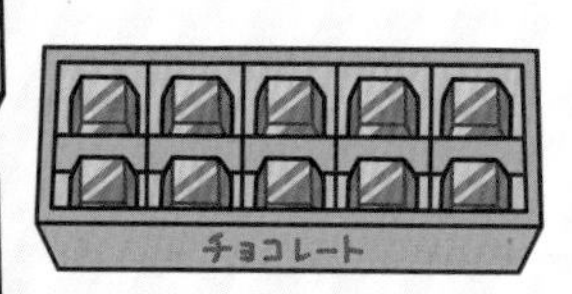

30と　4で　34

$$28 + 6 = \boxed{34}$$

30のように、何十を　つくって　計算すれば　いいね。
では、ゆっくり　おやすみ！

朝の　テスト

せいかい　もん／14もん

1 計算(けいさん)を　しましょう。

① 15＋5＝［20］

② 26＋4＝［　］

③ 49＋1＝［　］

④ 32＋8＝［　］

⑤ 67＋3＝［　］

⑥ 84＋6＝［　］

2 計算を　しましょう。

① 19＋3＝［　］

② 38＋5＝［　］

③ 27＋4＝［　］

④ 59＋6＝［　］

⑤ 45＋6＝［　］

⑥ 74＋9＝［　］

⑦ 67＋8＝［　］

⑧ 89＋7＝［　］

はい、よく　できました。では、いってらっしゃい！

答(こた)え ▼ 83ページ

2 ひき算

ながめて
おぼえよう

32－7の 計算(けいさん)

32

30から 7を ひいて 23

のこりは 23と 2で 25

$$32 - 7 = \boxed{25}$$

30のような 何十(なんじゅう)から ひいて 計算するんだね。
はい、はを よく みがいて おやすみ！

2 朝の　テスト

せいかい　もん / 14 もん

1 計算(けいさん)を　しましょう。

① $20-3=$ [17]

② $30-5=$ □

③ $50-9=$ □

④ $40-4=$ □

⑤ $70-2=$ □

⑥ $90-1=$ □

2 計算を　しましょう。

① $21-8=$ □

② $43-9=$ □

③ $61-5=$ □

④ $34-8=$ □

⑤ $51-3=$ □

⑥ $73-4=$ □

⑦ $63-6=$ □

⑧ $86-8=$ □

よく　がんばったね。えらい！　今日(きょう)も　元気(げんき)に　いってらっしゃい！

答(こた)え ▼ 83ページ

3 たし算の　ひっ算①

ながめて
おぼえよう

25＋12の　計算（けいさん）

25

12

37

十のくらい　一のくらい

ひっ算

	十のくらい	一のくらい
	2	5
＋	1	2
	3	7

くらいを　そろえて　書（か）き、
一のくらい、十のくらいの
じゅんに　計算します。

たてに　ならべて　書き、くらいごとに　計算する　しかたを
ひっ算と　いうよ。

3 朝の　テスト

せいかい　　もん／12もん

1 計算(けいさん)を　しましょう。

①

	3	1
+	2	5

②

	5	2
+	1	6

③

	3	8
+	4	1

④

	4	0
+	2	5

⑤

	1	2
+	7	0

⑥

	6	0
+	3	0

2 計算を　しましょう。

①

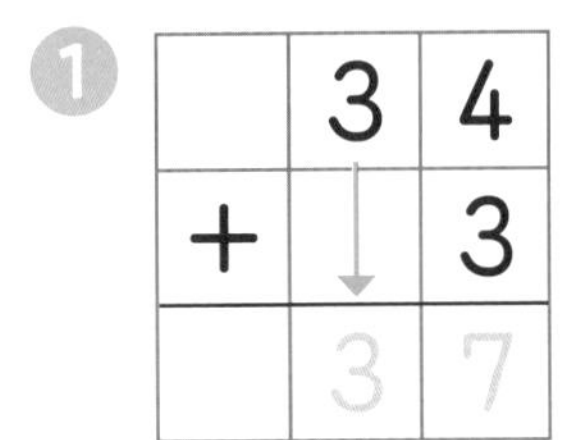

	3	4
+		3
	3	7

3を　そのまま
おろす。

②

	5	3
+		5

③

	6	0
+		4

④

		2
+	2	3

⑤

		7
+	4	2

⑥

		5
+	7	0

2のように、たす数(かず)や　たされる数が　1けたの
ときも、くらいごとに　計算するよ。

答(こた)え
▼
83ページ

4 たし算の　ひっ算②

ながめて おぼえよう

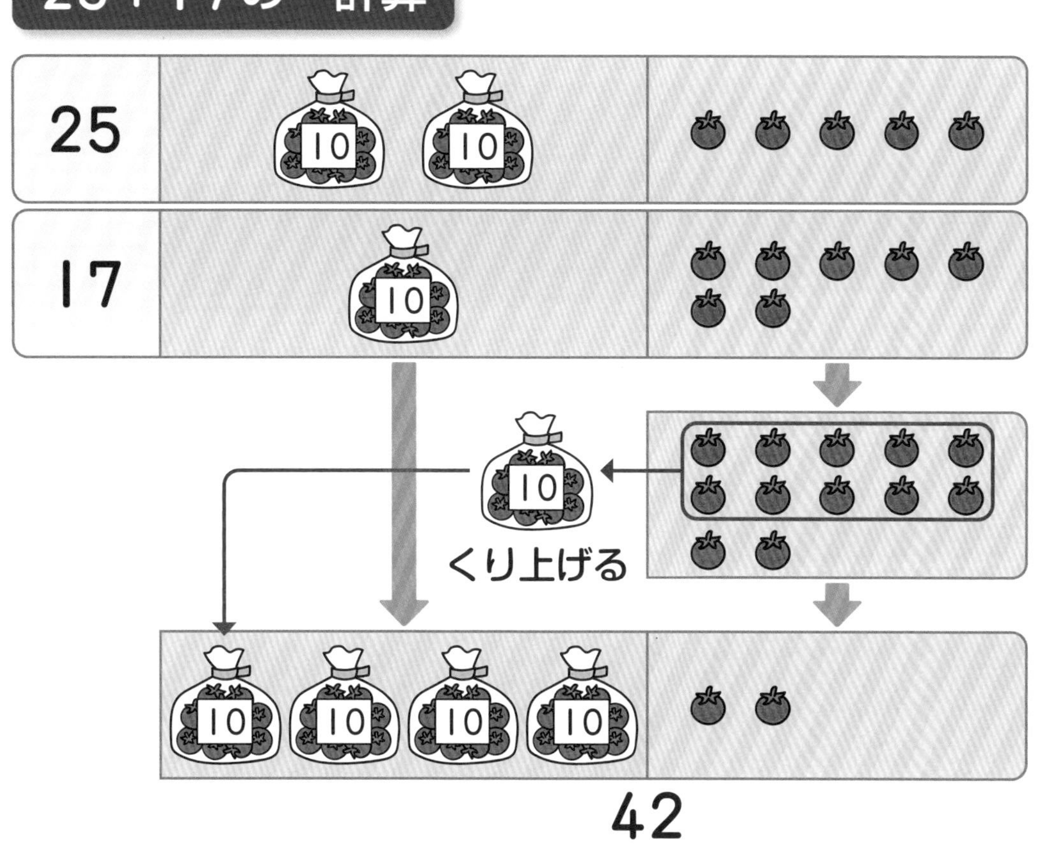

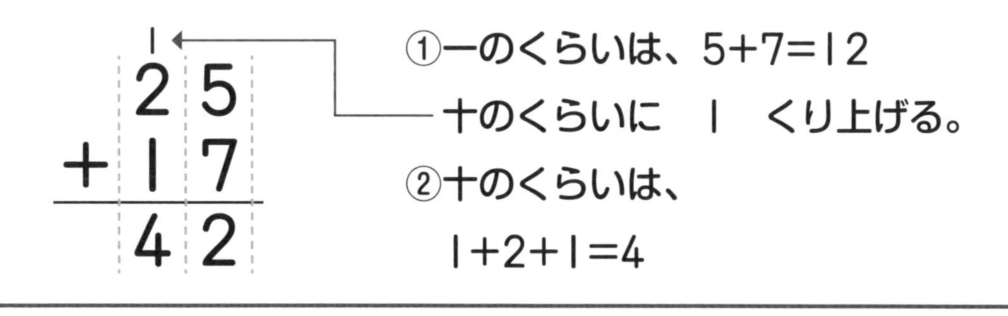

くり上げた　1を　小さく　書いて、たしわすれないように しようね。

朝の　テスト

せいかい　もん／12もん

1 計算(けいさん)を　しましょう。

①

	1	9
＋	3	4

②

	2	8
＋	5	3

③

	3	5
＋	3	9

④

	5	6
＋	3	7

⑤

	4	5
＋	1	5

⑥

	2	1
＋	2	9

2 計算を　しましょう。

①

	3	8
＋		4
	4	2

1　くり上げたので
1＋3

②

	5	6
＋		8

③

	7	8
＋		2

④

		9
＋	4	5

⑤

		6
＋	8	5

⑥

		3
＋	6	7

今日(きょう)も　ぜっこうちょうだね。では、いってらっしゃい！

5 ひき算の　ひっ算①

ながめて
おぼえよう

38－15の　計算

38		
15を ひく		

23

	3	8
－	1	5
	2	3

ひき算の　ひっ算も、
くらいを　そろえて　書き、
くらいごとに　計算します。

ひき算の　ひっ算の　しかたが　わかったら、ゆっくり　おやすみ！

朝の　テスト

せいかい　／12 もん

1 計算(けいさん)を　しましょう。

①

	5	4
−	3	1

②

	6	8
−	5	1

③

	7	9
−	2	3

④

	8	9
−	2	6

⑤

	6	3
−	4	0

⑥

	9	0
−	5	0

⑦

	5	9
−	5	1

十のくらいの　0は書(か)かない。

⑧

	6	7
−	6	3

⑨

	8	7
−	8	0

2 計算を　しましょう。

①

	3	6
−		2

②

	4	5
−		4

③

	7	2
−		2

3−0や　5−5のような、0の　ひき算に　気を　つけて！

答(こた)え ▼ 83ページ

6 ひき算の　ひっ算②

ながめて　おぼえよう

32−17の　計算（けいさん）

32

くり下げる

17を　ひく

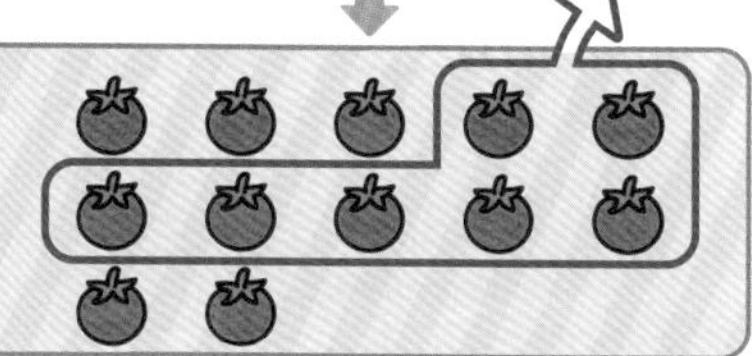

15

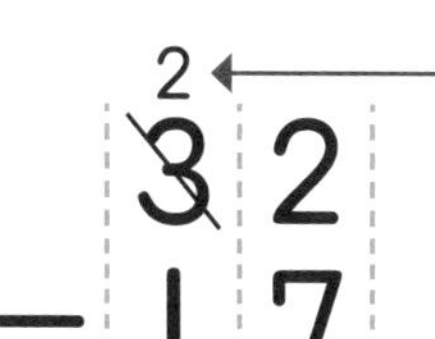

①一のくらいは、十のくらいから
1　くり下げて、12−7=5
②十のくらいは　2に　なったから
2−1=1

くり下がりの　ある　ひき算の　ひっ算が　わかったね。
では、いい　ゆめを　見て！

6 朝の　テスト

せいかい　　もん／12もん

1 計算を　しましょう。

①
	6	2
−	1	9

②
	7	1
−	4	6

③
	7	6
−	5	7

④
	9	1
−	2	4

⑤
	5	0
−	2	9

⑥
	8	0
−	4	3

⑦
	4	3
−	3	8

1　くり下げたので
3−3

⑧
	7	2
−	6	4

⑨
	9	0
−	8	6

2 計算を　しましょう。

①
	3	6
−		9

②
	5	3
−		7

③
	7	0
−		8

おつかれさま。この　ちょうしで　いってらっしゃい！

答え ▼ 83ページ

ひっ算の　れんしゅう①

せいかい　もん／30もん

1 計算(けいさん)を　しましょう。

①
$$\begin{array}{r} 31 \\ +\ 14 \\ \hline \end{array}$$

②
$$\begin{array}{r} 26 \\ +\ 42 \\ \hline \end{array}$$

③
$$\begin{array}{r} 50 \\ +\ 41 \\ \hline \end{array}$$

④
$$\begin{array}{r} 27 \\ +\ 25 \\ \hline \end{array}$$

⑤
$$\begin{array}{r} 16 \\ +\ 64 \\ \hline \end{array}$$

⑥
$$\begin{array}{r} 48 \\ +\ 47 \\ \hline \end{array}$$

⑦
$$\begin{array}{r} 22 \\ +\ \ \ 7 \\ \hline \end{array}$$

⑧
$$\begin{array}{r} 65 \\ +\ \ \ 5 \\ \hline \end{array}$$

⑨
$$\begin{array}{r} 3 \\ +\ 59 \\ \hline \end{array}$$

2 計算を　しましょう。

①
$$\begin{array}{r} 54 \\ -\ 13 \\ \hline \end{array}$$

②
$$\begin{array}{r} 65 \\ -\ 30 \\ \hline \end{array}$$

③
$$\begin{array}{r} 48 \\ -\ 46 \\ \hline \end{array}$$

④
$$\begin{array}{r} 82 \\ -\ 25 \\ \hline \end{array}$$

⑤
$$\begin{array}{r} 40 \\ -\ 21 \\ \hline \end{array}$$

⑥
$$\begin{array}{r} 72 \\ -\ 68 \\ \hline \end{array}$$

⑦
$$\begin{array}{r} 63 \\ -\ \ \ 3 \\ \hline \end{array}$$

⑧
$$\begin{array}{r} 35 \\ -\ \ \ 6 \\ \hline \end{array}$$

⑨
$$\begin{array}{r} 80 \\ -\ \ \ 2 \\ \hline \end{array}$$

3 ひっ算で　しましょう。

❶ 34＋45

	3	4
＋	4	5

❷ 42＋18

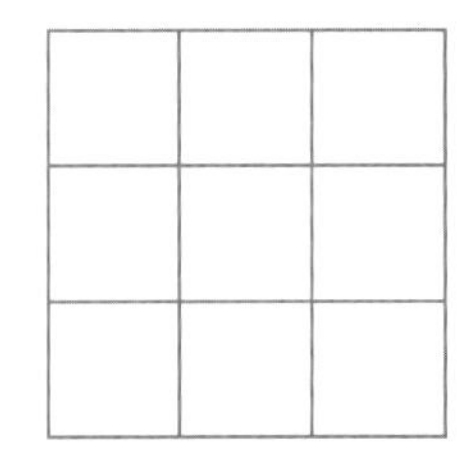

❸ 57＋26

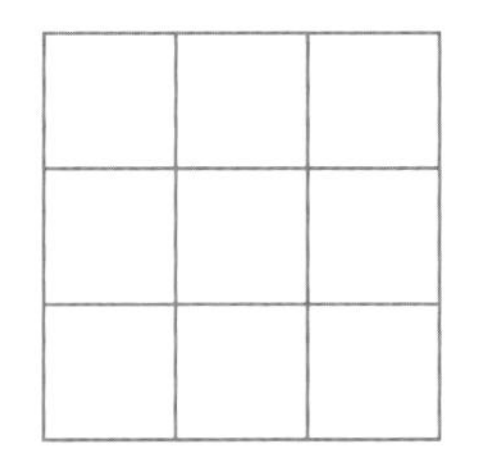

❹ 6＋43

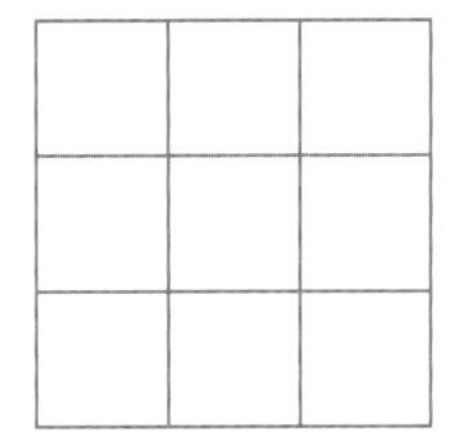

❺ 29＋8

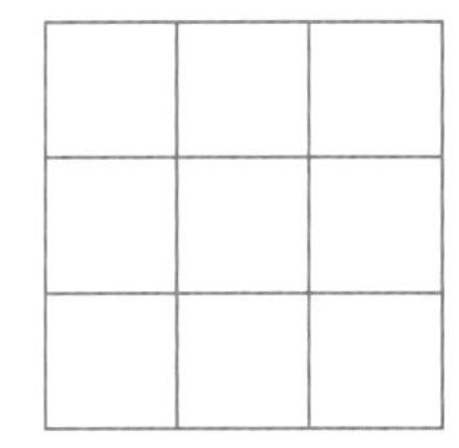

❻ 7＋83

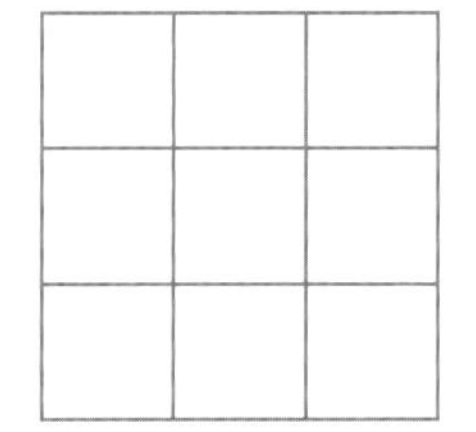

4 ひっ算で　しましょう。

❶ 78－53

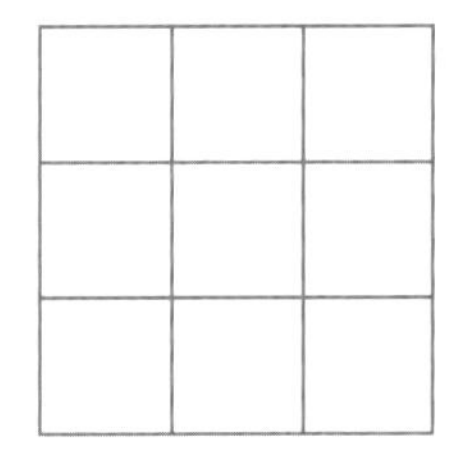

❷ 90－36

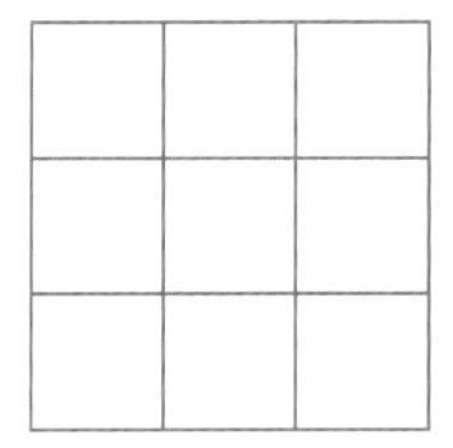

❸ 74－26

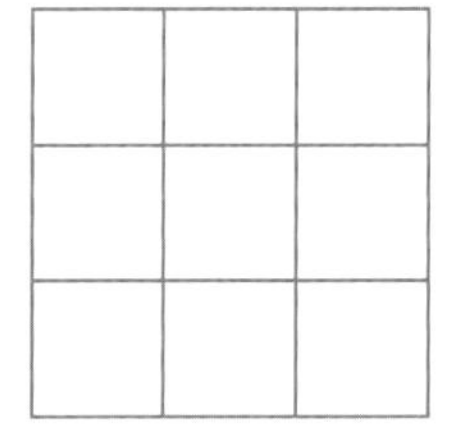

❹ 60－55

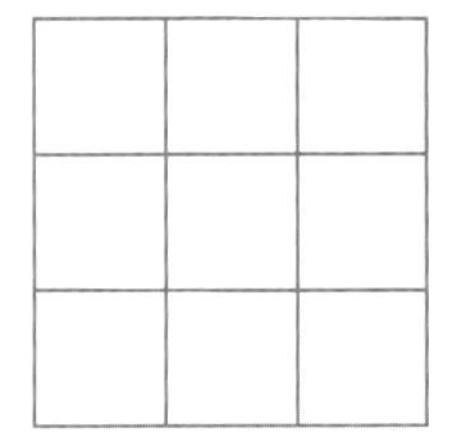

❺ 69－7

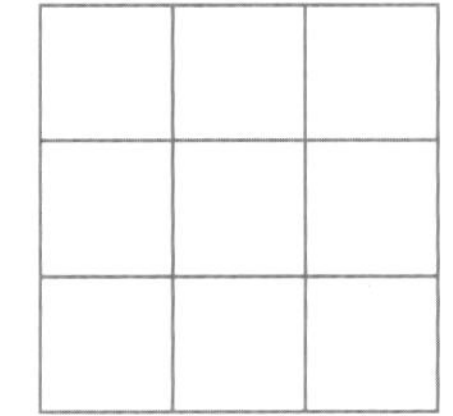

❻ 94－9

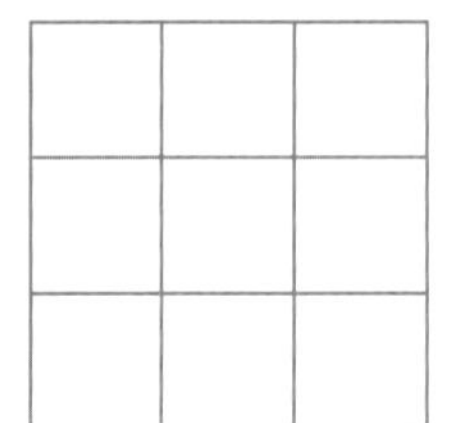

答え▶84ページ

8 長さの　計算

ながめて
おぼえよう

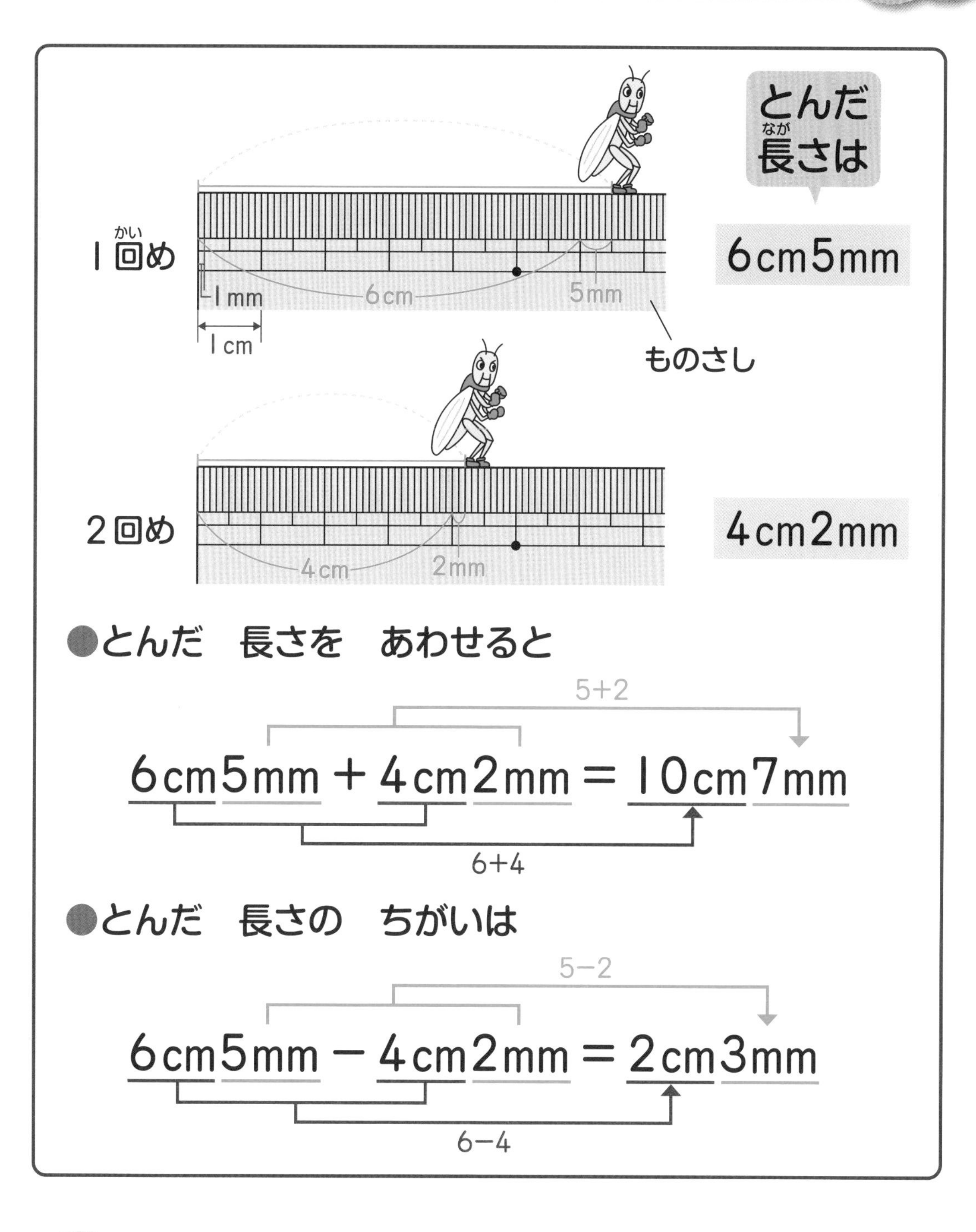

●とんだ　長さを　あわせると

$$6\text{cm}5\text{mm} + 4\text{cm}2\text{mm} = 10\text{cm}7\text{mm}$$

5+2　6+4

●とんだ　長さの　ちがいは

$$6\text{cm}5\text{mm} - 4\text{cm}2\text{mm} = 2\text{cm}3\text{mm}$$

5−2　6−4

長さも　たしたり　ひいたり　できるんだね。
cmや　mmは　長さの　たんいだよ。

朝の　テスト

1 ものさしの　左の　はしから　㋐、㋑までの　長(なが)さは、それぞれ　どれだけですか。

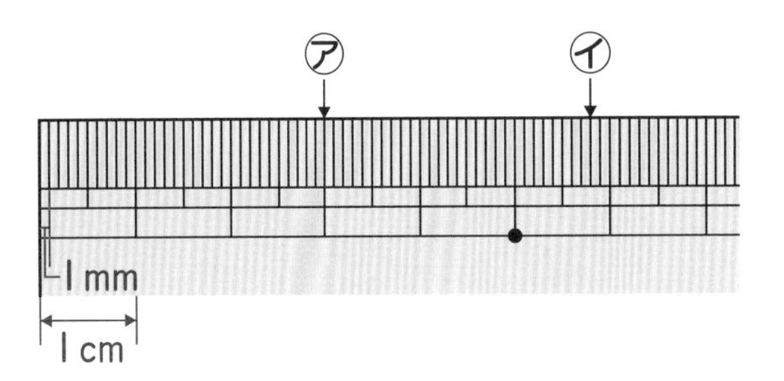

㋐ □ cm

㋑ □ cm □ mm

2 計算(けいさん)を　しましょう。

❶ 8cm4mm＋5cm＝□cm□mm

❷ 3cm2mm＋6mm＝□cm□mm

❸ 7cm3mm＋3cm4mm＝□cm□mm

❹ 12cm6mm－7cm＝□cm□mm

❺ 9cm8mm－5mm＝□cm□mm

❻ 11cm9mm－5cm4mm＝□cm□mm

長さの　計算は、同(おな)じ　たんいの　数(かず)どうしを
計算すれば　いいね。

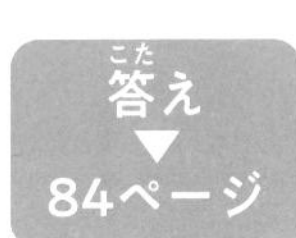

1000までの　数

ながめて おぼえよう

さいふには　いくら　入って　いるかな？

100が　3こ　　10が　2こ　　1が　4こ

300（三百［さんびゃく］）　20（二十）　4（四）

324（三百二十四）

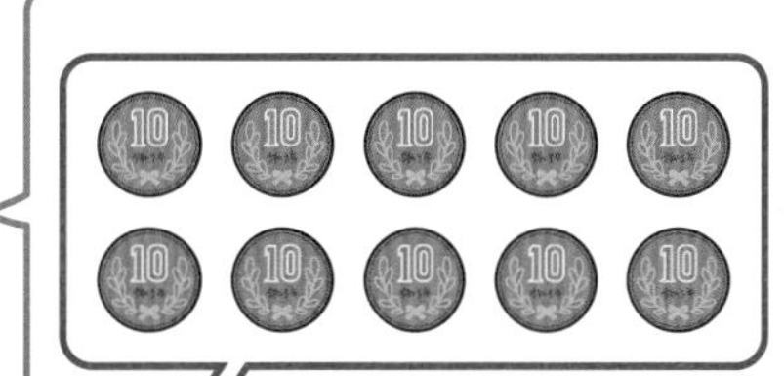 

10が　13こ → 130（百三十）

100が　10こ → 1000（千［せん］）

100が　○こで　「○百」と　いうんだね。
では、おやすみなさい。

朝の　テスト

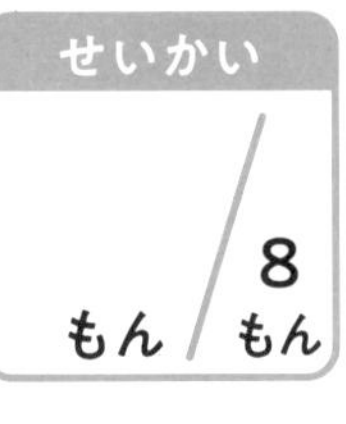

1 色紙(いろがみ)の　数(かず)を　数字(すうじ)で　書(か)きましょう。

① 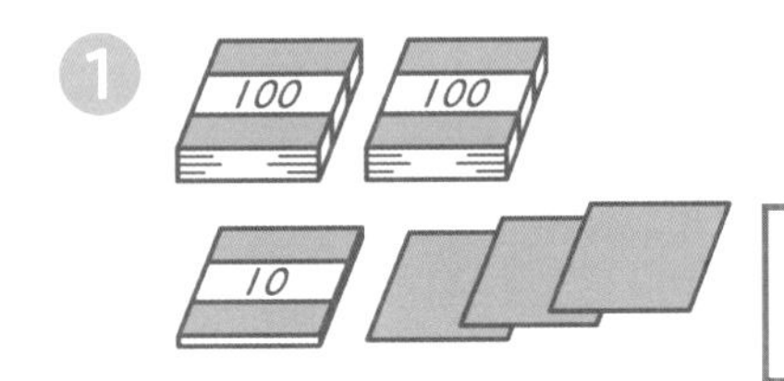

② 

2 □に　あてはまる　数を　書きましょう。

① 500は、100を □ こ　あつめた　数

② 100を　7こ　あつめた　数は □

③ 100を　6こ、10を　2こ、1を　8こ　あわせた

数は □

④ 10を　15こ　あつめた　数は □

⑤ 120は、10を □ こ　あつめた　数

⑥ 1000は、100を □ こ　あつめた　数

1000までの　数が　わかったね！　えらい！

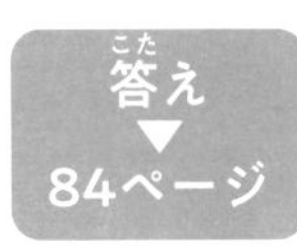

10

何十、何百の　計算①

ながめて おぼえよう

70＋50の　計算

70

50

10の　たばが　7+5で　12こ

10の　たばが　12こだから、120

$$70 + 50 = \boxed{120}$$

120－50の　計算

120

50

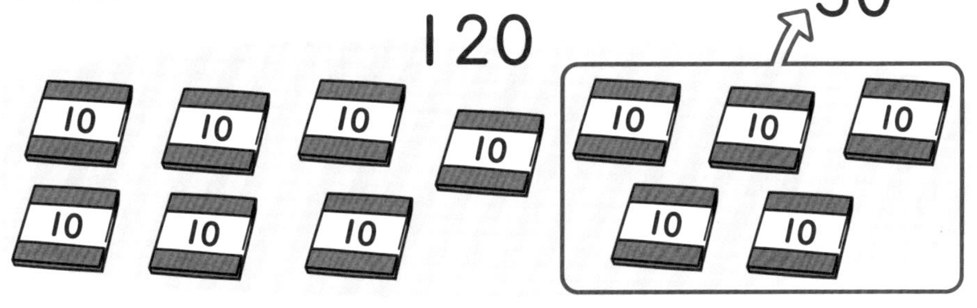

10の　たばが　12−5で　7こ

10の　たばが　7こだから、70

$$120 - 50 = \boxed{70}$$

10の　たばの　数で　考えると、7+5や　12−5の　計算に なるんだね。

朝の　テスト

せいかい　もん／16もん

1 計算(けいさん)を　しましょう。

① 90＋30＝□　② 70＋40＝□

③ 50＋80＝□　④ 60＋60＝□

⑤ 90＋70＝□　⑥ 80＋60＝□

⑦ 70＋80＝□　⑧ 80＋90＝□

2 計算を　しましょう。

① 150－90＝□　② 110－80＝□

③ 120－30＝□　④ 110－60＝□

⑤ 160－80＝□　⑥ 130－60＝□

⑦ 180－90＝□　⑧ 120－40＝□

たくさん　計算を　したね。
今日(きょう)も　元気(げんき)に　いってらっしゃい！

答(こた)え ▼ 84ページ

11

何十、何百の　計算②

ながめて
おぼえよう

300＋400の　計算

300

400

100の　たばが　3+4で　7こ

100の　たばが　7こだから、700

300 ＋ 400 ＝ 700

1000－400の　計算

1000

400

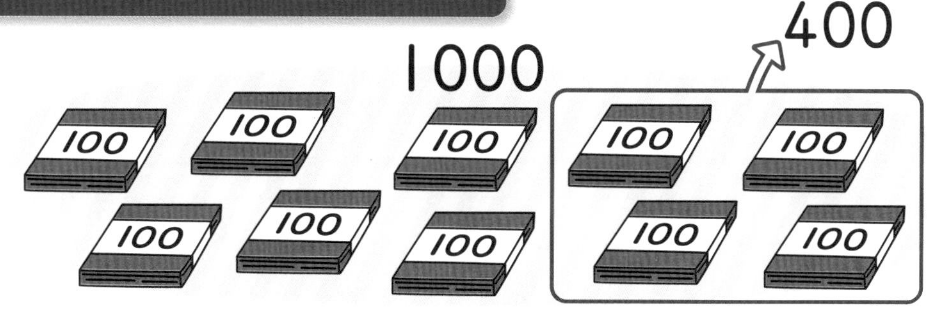

100の　たばが　10−4で　6こ

100の　たばが　6こだから、600

1000 － 400 ＝ 600

100の　たばの　数で　考えると　計算できるね。
では、おやすみ！

朝の　テスト

せいかい　もん／16もん

1 計算(けいさん)を　しましょう。

① 300＋100＝□　② 200＋300＝□

③ 500＋400＝□　④ 400＋200＝□

⑤ 600＋200＝□　⑥ 200＋700＝□

⑦ 900＋100＝□　⑧ 400＋600＝□

2 計算を　しましょう。

① 500－100＝□　② 600－300＝□

③ 700－500＝□　④ 500－400＝□

⑤ 900－300＝□　⑥ 800－400＝□

⑦ 1000－500＝□　⑧ 1000－200＝□

今日(きょう)も　よく　がんばったね。さあ、いってらっしゃい！

12 かさの　計算

ながめて
おぼえよう

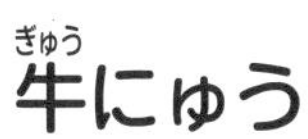

コーヒー

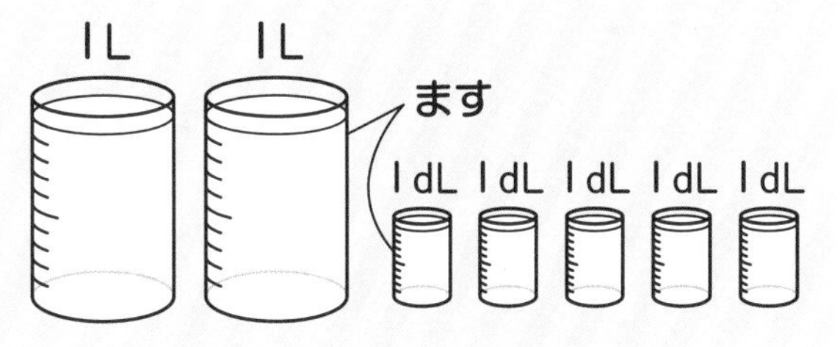

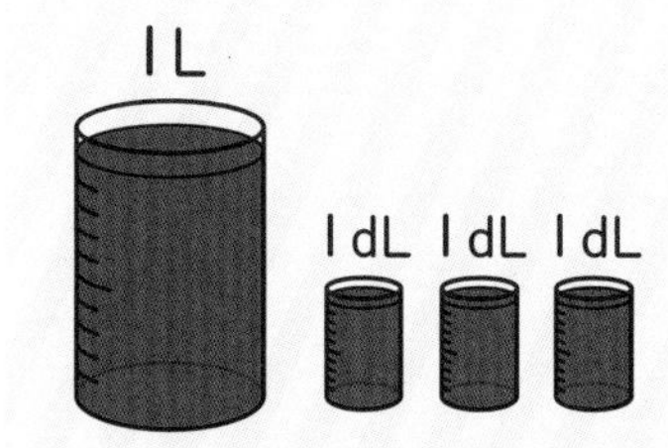

牛にゅうの　かさは

2L5dL

コーヒーの　かさは

1L3dL

●あわせた　かさは

5+3

2L5dL + 1L3dL = 3L8dL

2+1

●かさの　ちがいは

5−3

2L5dL − 1L3dL = 1L2dL

2−1

かさも　たしたり　ひいたり　できるんだね。
Lや　dLは　かさの　たんいだよ。

12 朝の　テスト

1 つぎの　水の　かさは、それぞれ　どれだけですか。

① 

□dL

② 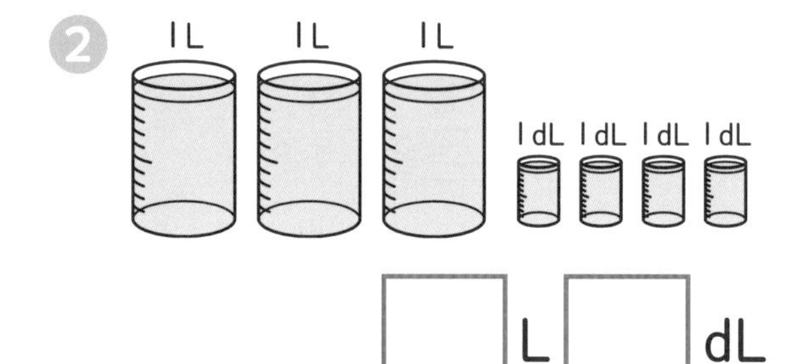

□L□dL

2 計算(けいさん)を　しましょう。

① 1L5dL＋3L＝□L□dL

② 2L2dL＋4dL＝□L□dL

③ 1L4dL＋2L5dL＝□L□dL

④ 3L4dL－2L＝□L□dL

⑤ 2L8dL－3dL＝□L□dL

⑥ 4L9dL－1L2dL＝□L□dL

かさの　計算も、同(おな)じ　たんいの　数(かず)どうしを
計算するんだね。

3つの　数の　たし算の　くふう

ながめて　おぼえよう

色紙(いろがみ)は　ぜんぶで　何(なん)まいに　なる？

はじめ　　　もらう

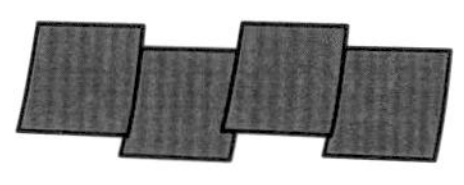

赤4まい

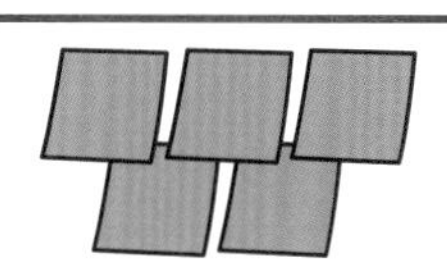

赤15まい　　青5まい

1

4まい　15まい　5まい

赤の　まい数(すう)を
先に　計算(けいさん)

$$4+15=19$$
$$19+5=24$$

$$4+15+5=\boxed{24}$$

2

4まい　15まい　5まい

もらった　まい数を
先に　計算

$$15+5=20$$
$$4+20=24$$

$$4+(15+5)=\boxed{24}$$

(　)は　ひとまとまりの　数(かず)を
あらわし、先に　計算します。

たす　じゅんじょを　かえても、答(こた)えは　同(おな)じ。

たす　じゅんじょを　かえると、計算が　かんたんに　なる
ことも　あるよ。

朝の　テスト

1 たす　じゅんじょを　考えて、くふうして　計算します。
□に　あてはまる　数を　書きましょう。

① $9+13+7=9+(13+7)=9+\square=\square$

② $15+11+9=15+(11+9)=15+\square=\square$

③ $16+\underline{8+4}=16+\underline{4+8}=\square+8=\square$

じゅんばんを　入れかえる。

2 くふうして　計算しましょう。

① $28+3+7=\square$

② $7+14+6=\square$

③ $19+12+8=\square$

④ $28+9+11=\square$

⑤ $15+6+14=\square$

⑥ $29+18+2=\square$

⑦ $7+26+3=\square$

⑧ $15+27+5=\square$

たして　10や　何十を　つくれば、かんたんに
計算できるね。

百のくらいに　くり上がる たし算の　ひっ算①

ながめて おぼえよう

95＋32の　計算（けいさん）

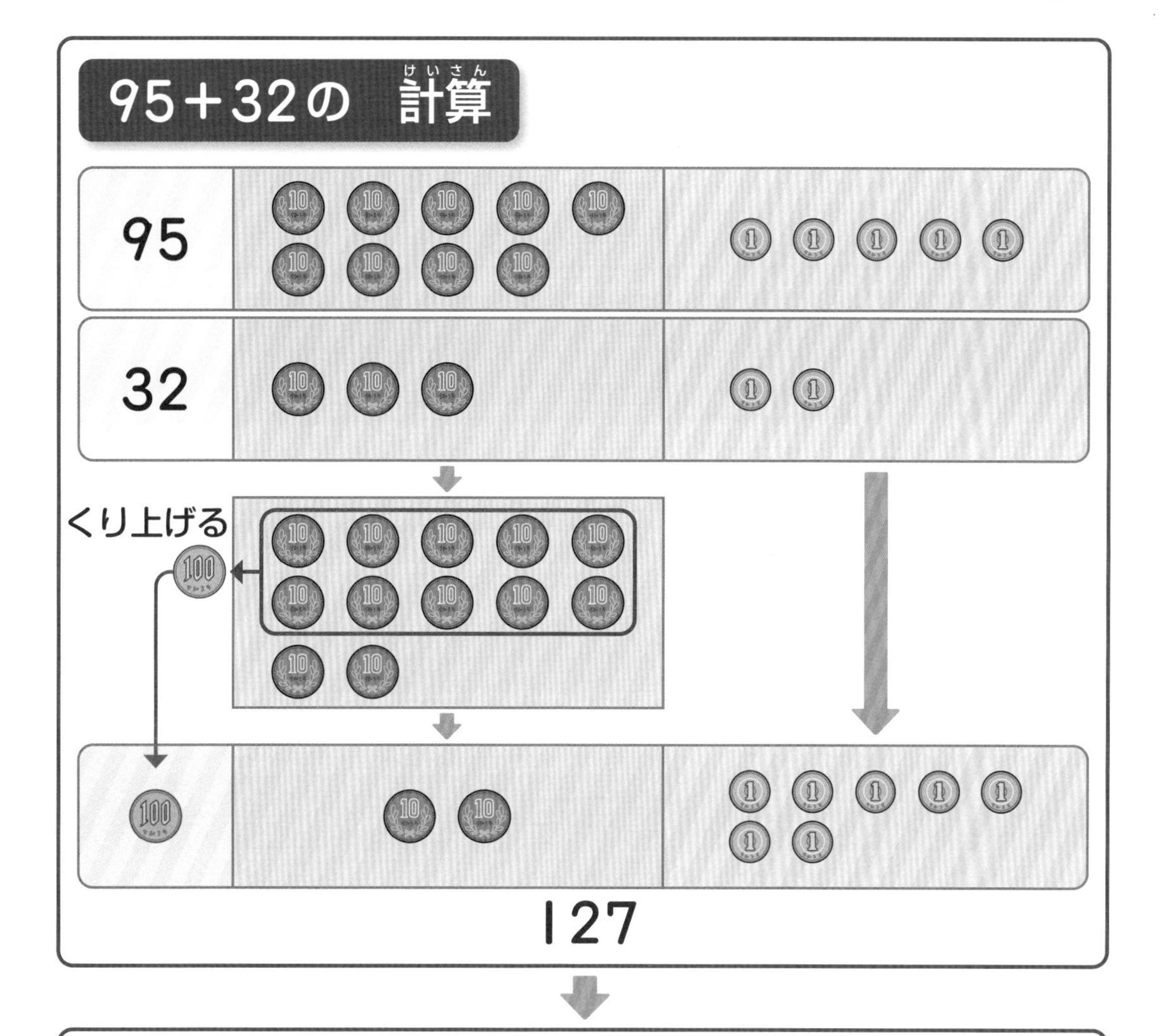

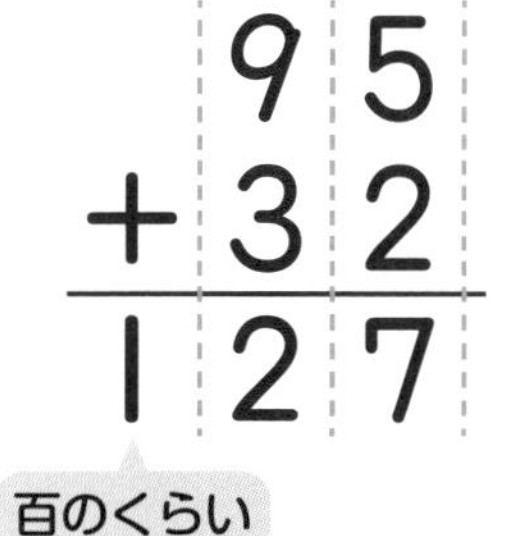

①一のくらいは、5+2=7

②十のくらいは、9+3=12

百のくらいに　1　くり上げる。

百のくらいに　1　くり上がる　計算だけど、ひっ算の　しかたは これまでと　同（おな）じだね。

朝の　テスト

せいかい　　もん ／ 12もん

1 計算(けいさん)を　しましょう。

①

	7	3
+	4	1

②

	5	3
+	7	5

③

	9	4
+	5	2

④

	9	6
+	6	2

⑤

	8	4
+	9	3

⑥

	6	7
+	8	2

⑦

	5	1
+	5	6

⑧

	6	3
+	4	3

⑨

	2	0
+	8	5

2 ひっ算で　しましょう。

① 82＋53

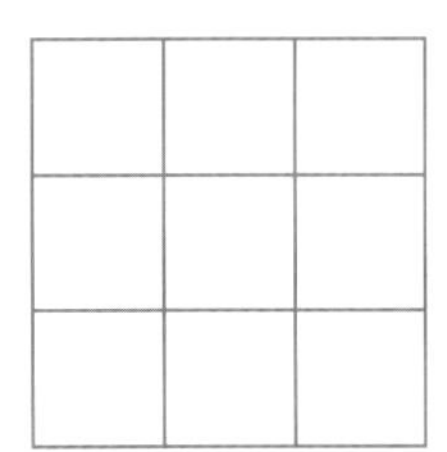

② 38＋90

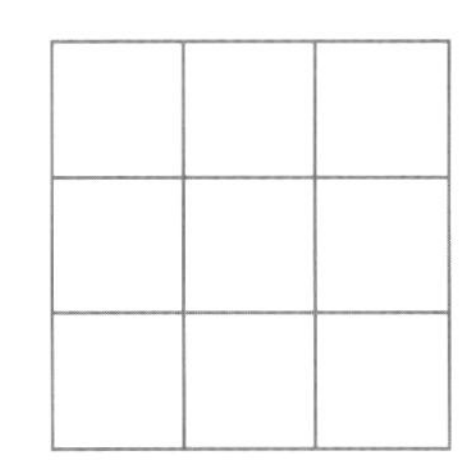

③ 72＋34

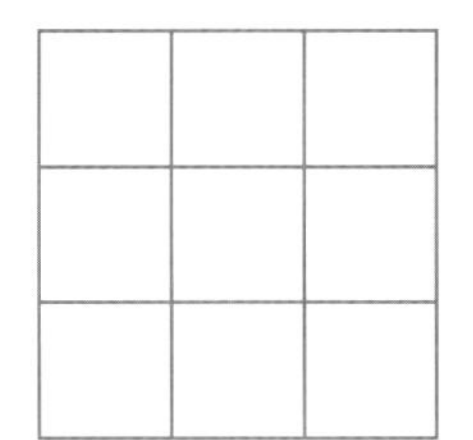

ひっ算の　しかたに　なれてきたね。
では、元気(げんき)に　いってらっしゃい！

答(こた)え ▼ 85ページ

百のくらいに　くり上がる たし算の　ひっ算②

ながめて おぼえよう

85＋47の　計算（けいさん）

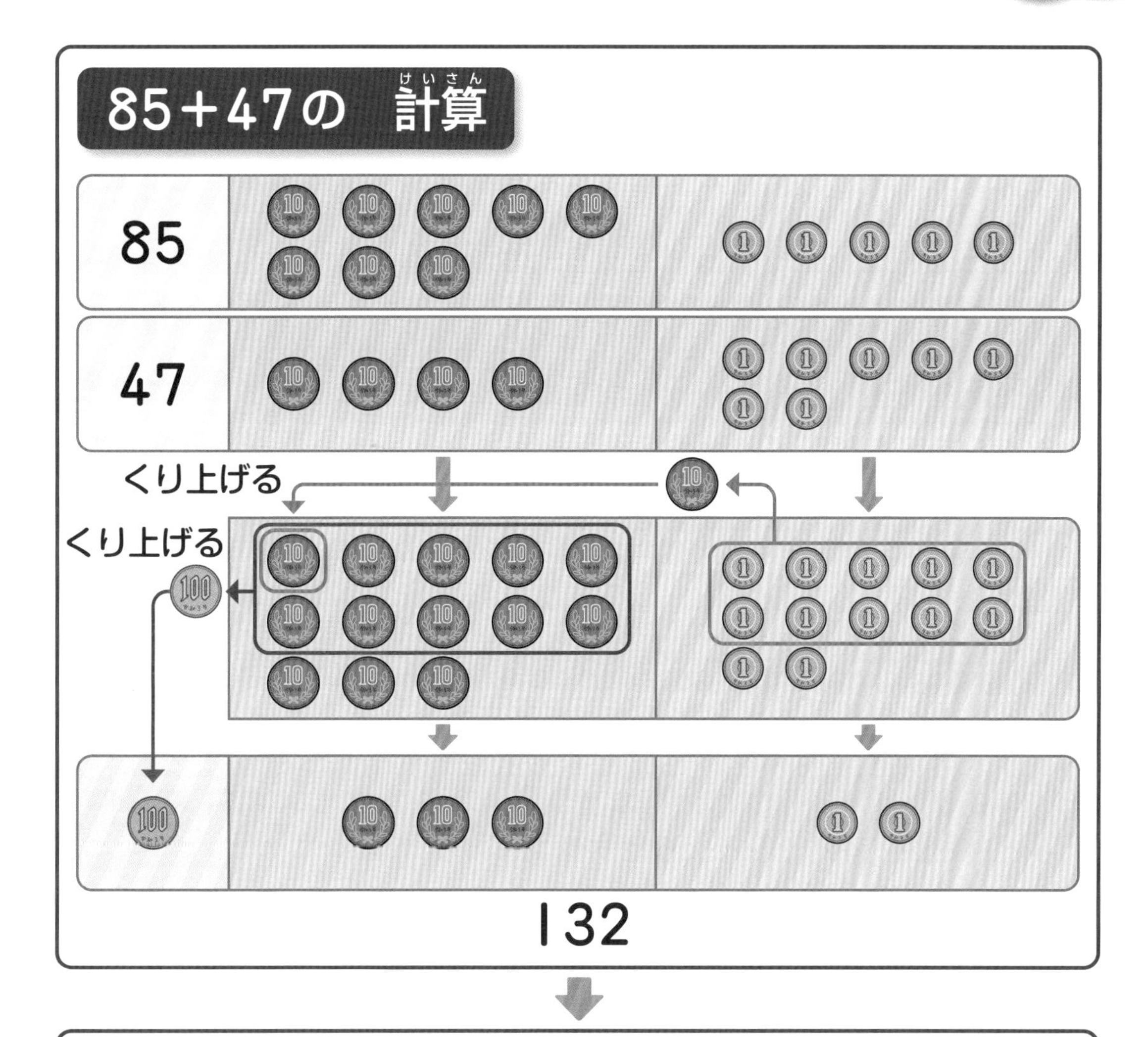

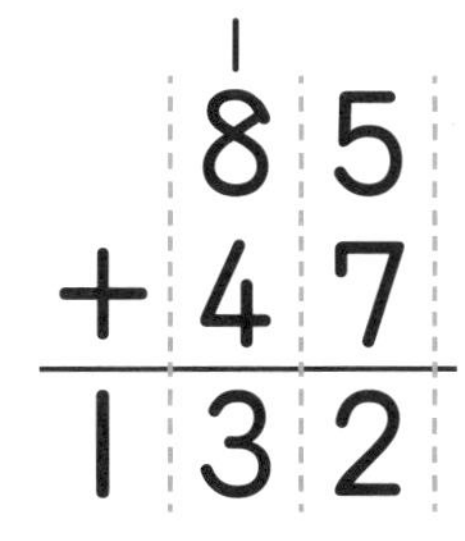

①一のくらいは、5+7=12
　十のくらいに　1　くり上げる。
②十のくらいは、1+8+4=13
　百のくらいに　1　くり上げる。

くり上がりが　2回（かい）　あっても、これまでと　同（おな）じように　考（かんが）えれば できるね。

15

朝の　テスト

せいかい　もん／12もん

1 計算(けいさん)を　しましょう。

①
	4	9
+	8	2

②
	5	7
+	9	5

③
	8	6
+	3	7

④
	7	9
+	6	8

⑤
	6	7
+	6	8

⑥
	5	9
+	6	9

⑦
	8	9
+	1	4

⑧
	7	8
+	2	6

⑨
	4	9
+	5	1

2 計算を　しましょう。

①
	9	6
+		5

↑ 1+9=10

②
	9	8
+		2

③
		9
+	9	7

よく　がんばったね。えらい！
今日(きょう)も　きっと　よい　1日に　なるよ！

答(こた)え ▼ 85ページ

16 百のくらいから　くり下がる ひき算の　ひっ算①

ながめて おぼえよう

125−83の　計算（けいさん）

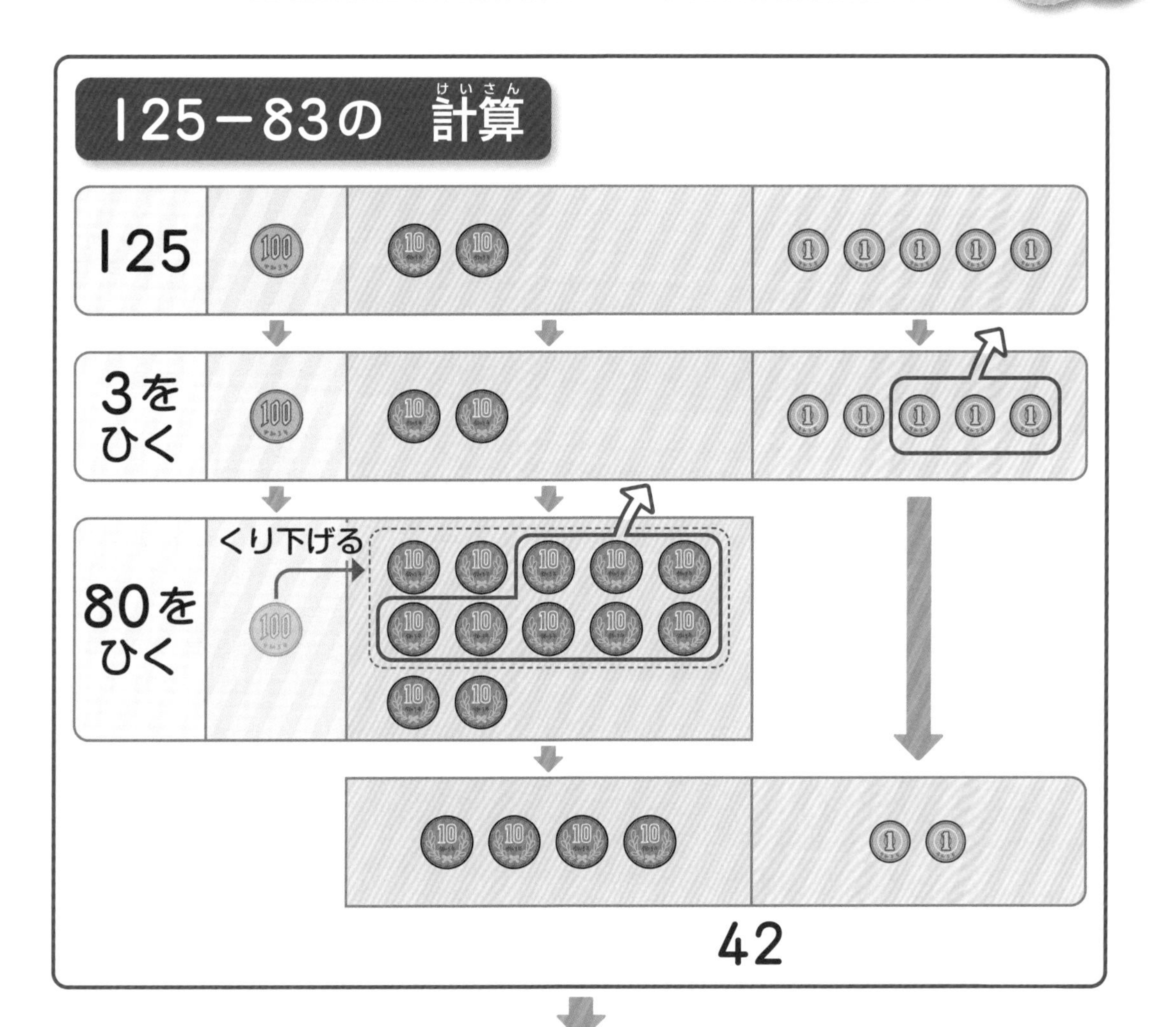

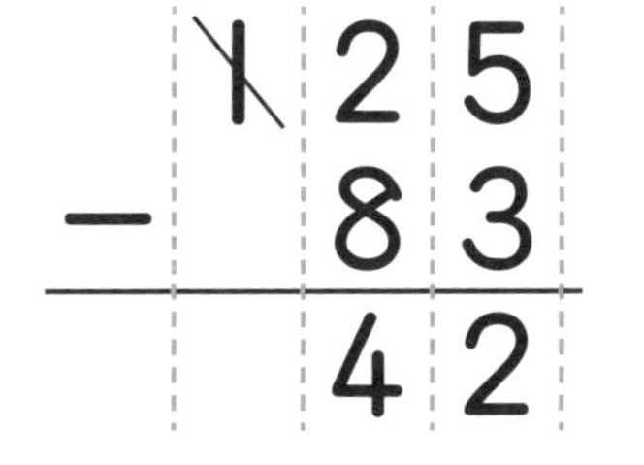

①一のくらいは、5−3=2

②十のくらいは、百のくらいから

1　くり下げて、12−8=4

百のくらいから　1　くり下がる　計算が　わかったら、ゆっくり おやすみ！

朝の　テスト

せいかい　　もん ／ 12 もん

1 計算(けいさん)を　しましょう。

①

	1	2	5
−		9	1

②

	1	5	7
−		8	5

③

	1	4	4
−		5	3

④

	1	0	7
−		6	4

⑤

	1	2	8
−		4	2

⑥

	1	3	9
−		6	4

⑦

	1	3	6
−		5	0

⑧

	1	4	0
−		8	0

⑨

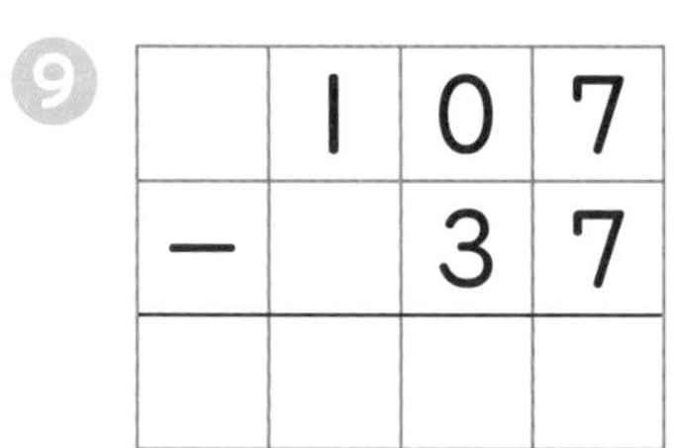

	1	0	7
−		3	7

2 ひっ算で　しましょう。

① 148−95

② 109−82

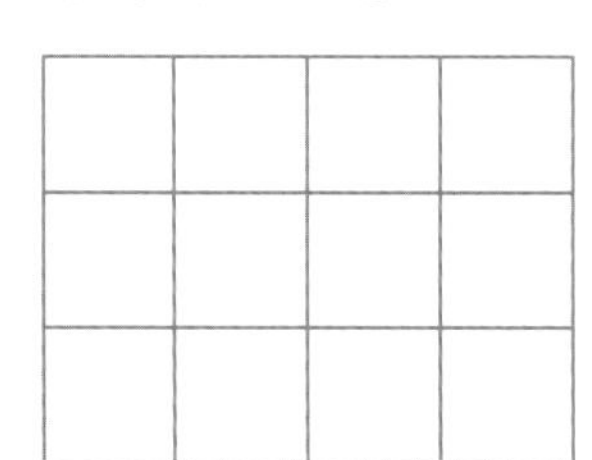

③ 114−74

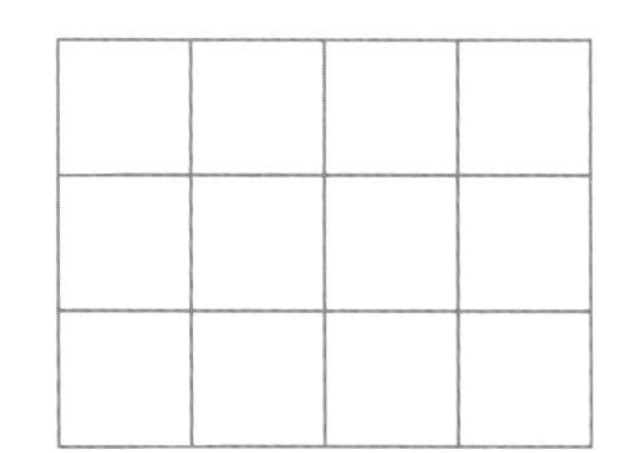

くり下がりに　気を　つけて　計算　できたかな？
今日(きょう)も　元気(げんき)に！

百のくらいから　くり下がる　ひき算の　ひっ算②

ながめて おぼえよう

131−78の　計算（けいさん）

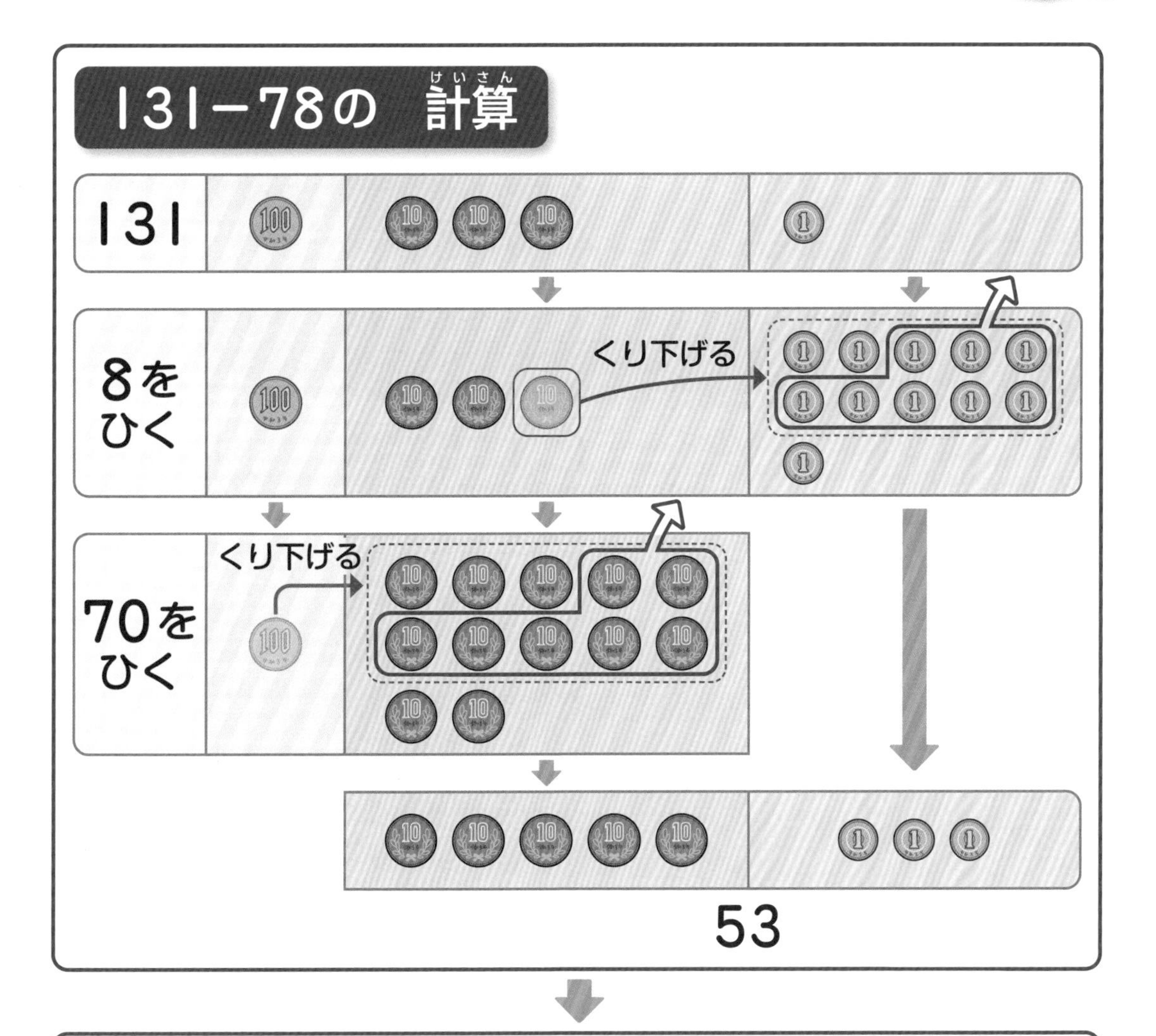

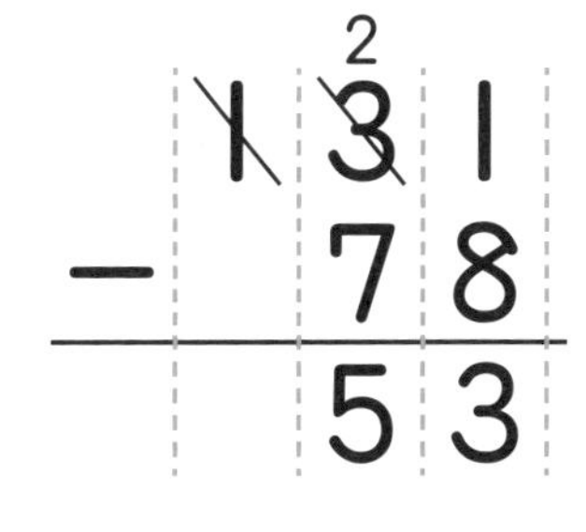

①一のくらいは、十のくらいから
　1　くり下げて、11−8=3

②十のくらいは、百のくらいから
　1　くり下げて、12−7=5

くり下がりが　2回（かい）　あっても、これまでと　同（おな）じように　考（かんが）えれば　いいんだね。

朝の　テスト

せいかい　もん ／ 12もん

1 計算(けいさん)を　しましょう。

①

	1	2	5
−		5	8

②

	1	5	1
−		9	3

③

	1	2	8
−		8	9

④

	1	5	3
−		6	7

⑤

	1	1	5
−		9	7

⑥

	1	6	0
−		9	5

⑦

	1	4	0
−		6	2

⑧

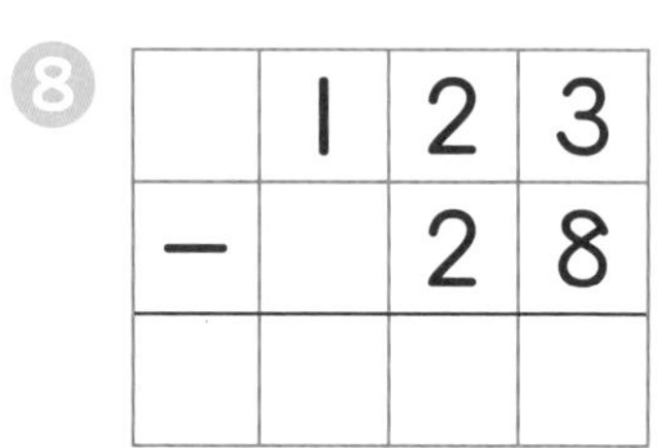

	1	2	3
−		2	8

⑨

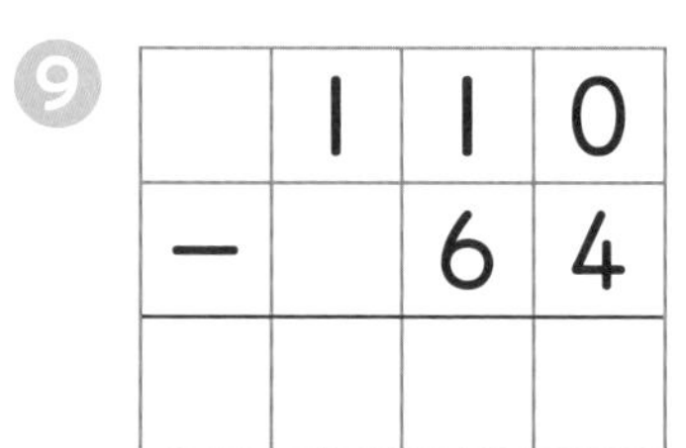

	1	1	0
−		6	4

2 ひっ算で　しましょう。

① 132−87

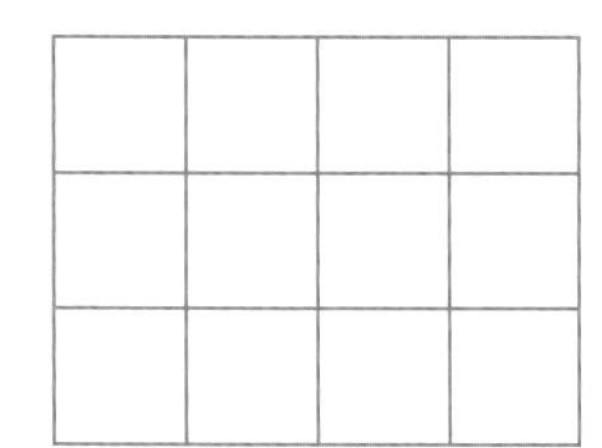

② 117−49

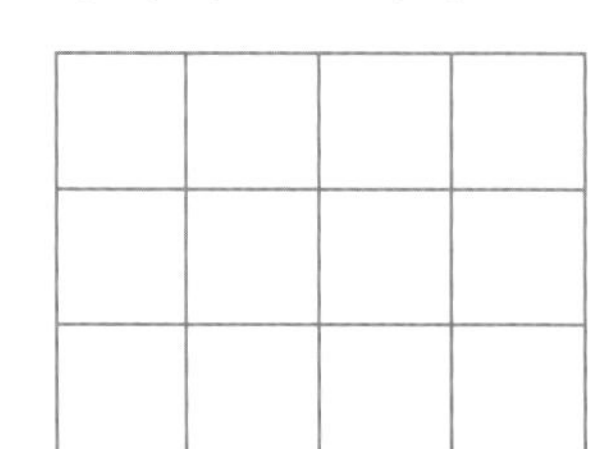

③ 180−87

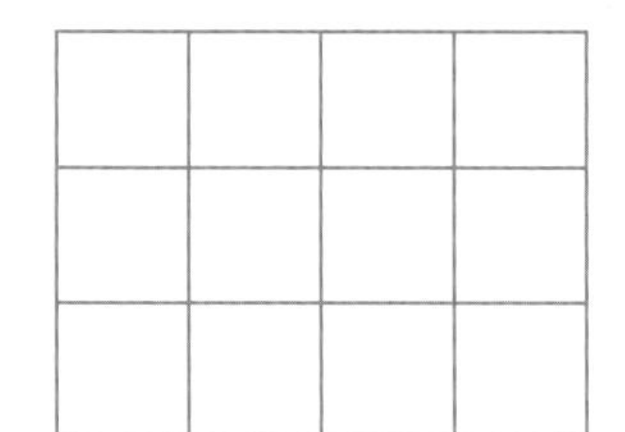

ひっ算の　しかたにも　なれて　きたね。
この　ちょうしで　ファイト！

百のくらいから　くり下がる ひき算の　ひっ算③

ながめて おぼえよう

102－49の　計算

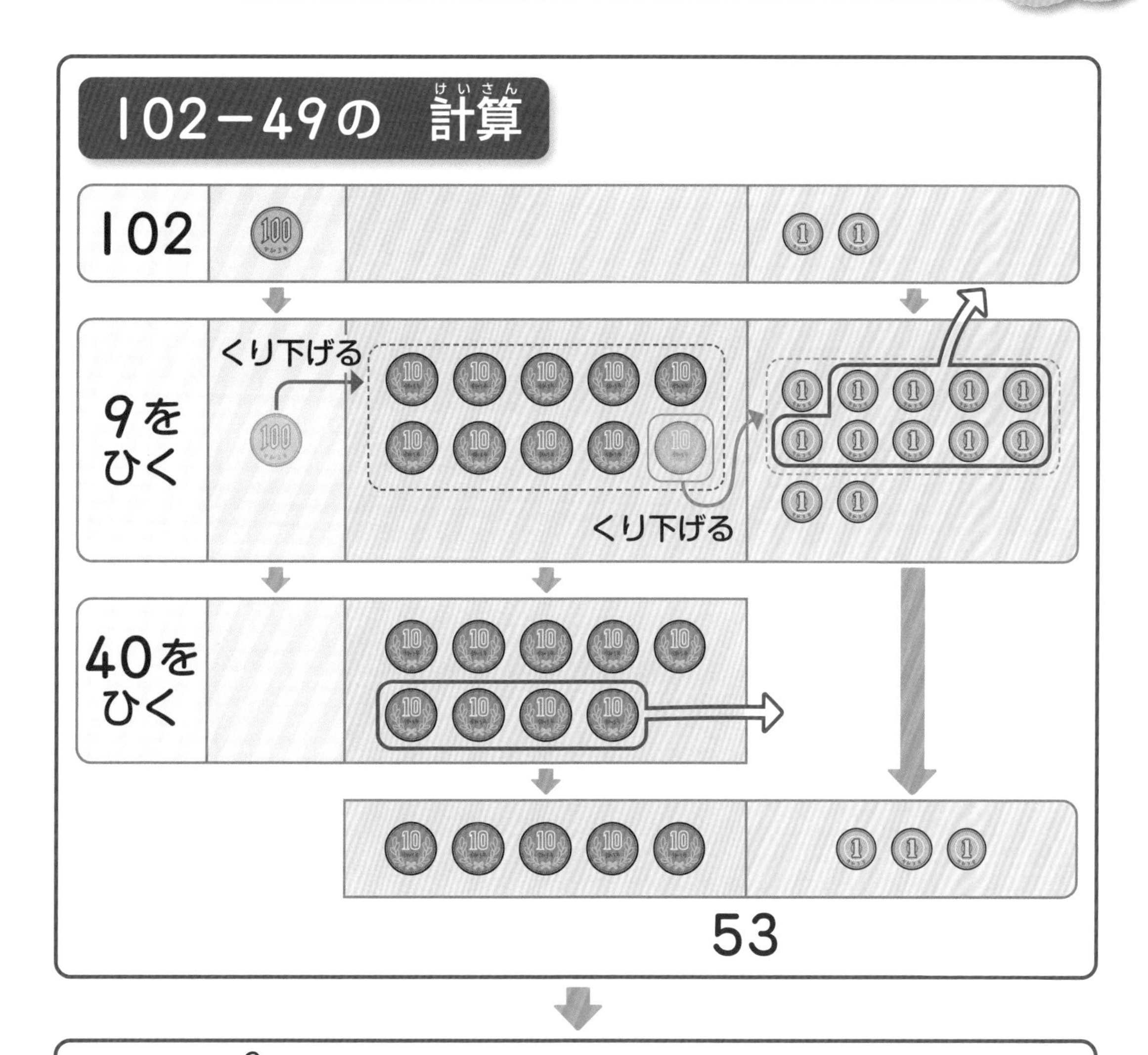

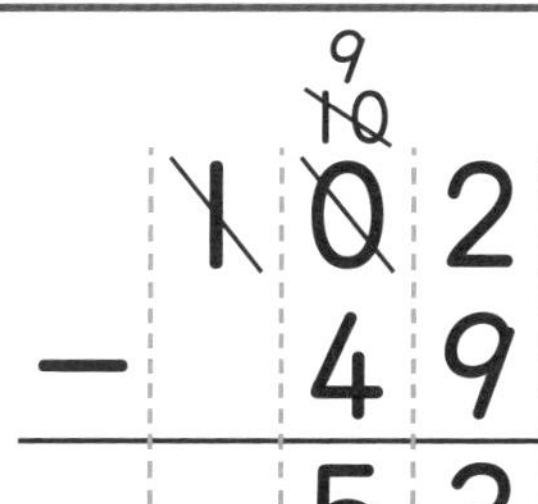

①一のくらいは、百のくらいから　十のくらい、一のくらいへと　じゅんにくり下げて、12－9＝3

②十のくらいは、9－4＝5

百のくらいから　一のくらいまで　くり下げる　しくみが　わかったね。では、おやすみ！

18

朝の　テスト

せいかい　　もん ／ 12もん

1 計算を　しましょう。

①

	1	0	4
−		5	9

②

	1	0	7
−		7	8

③

	1	0	2
−		9	6

④

	1	0	5
−			8

⑤

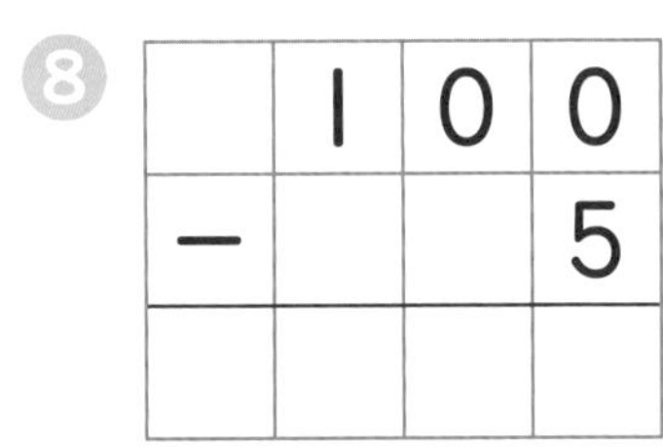

	1	0	4
−			6

⑥

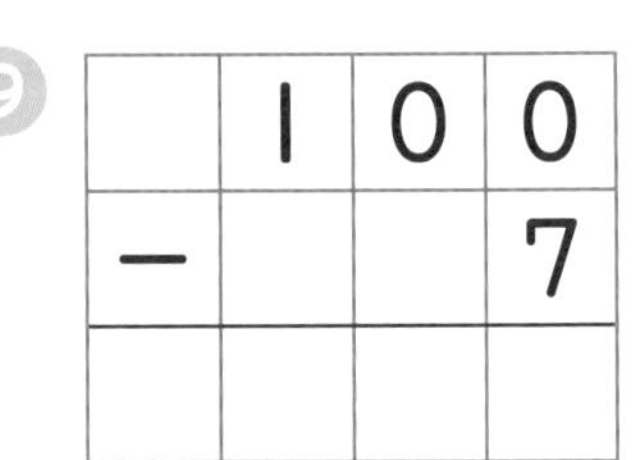

	1	0	0
−		4	1

⑦

	1	0	0
−		9	8

⑧

	1	0	0
−			5

⑨

	1	0	0
−			7

2 ひっ算で　しましょう。

① 103−9

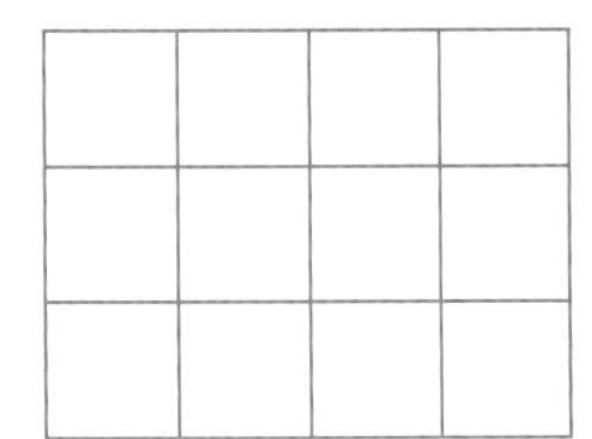

② 100−36

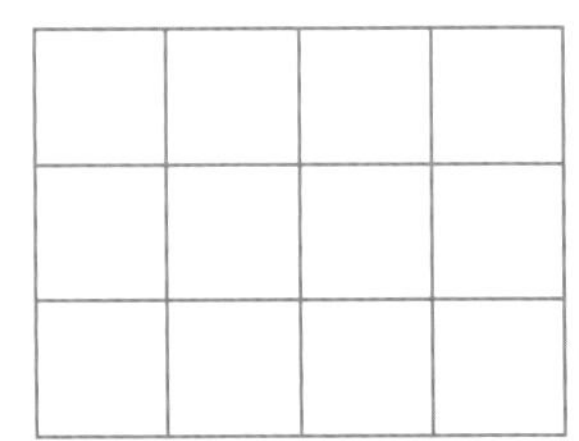

③ 100−2

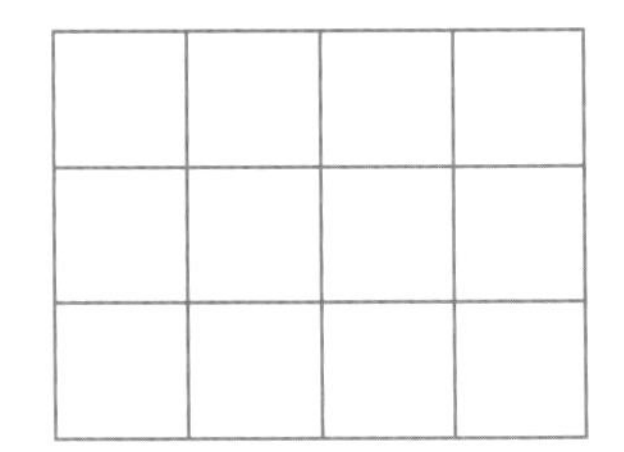

今日も　よく　がんばったね。
元気に　いってらっしゃい！

答え ▼ 85ページ

大きい　数の　ひっ算

ながめて
おぼえよう

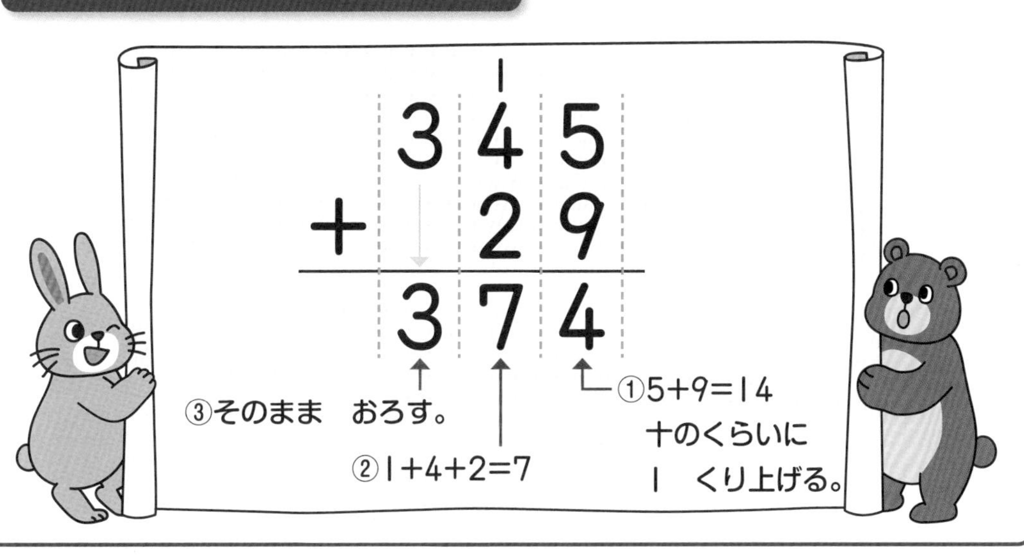

463－28の　ひっ算

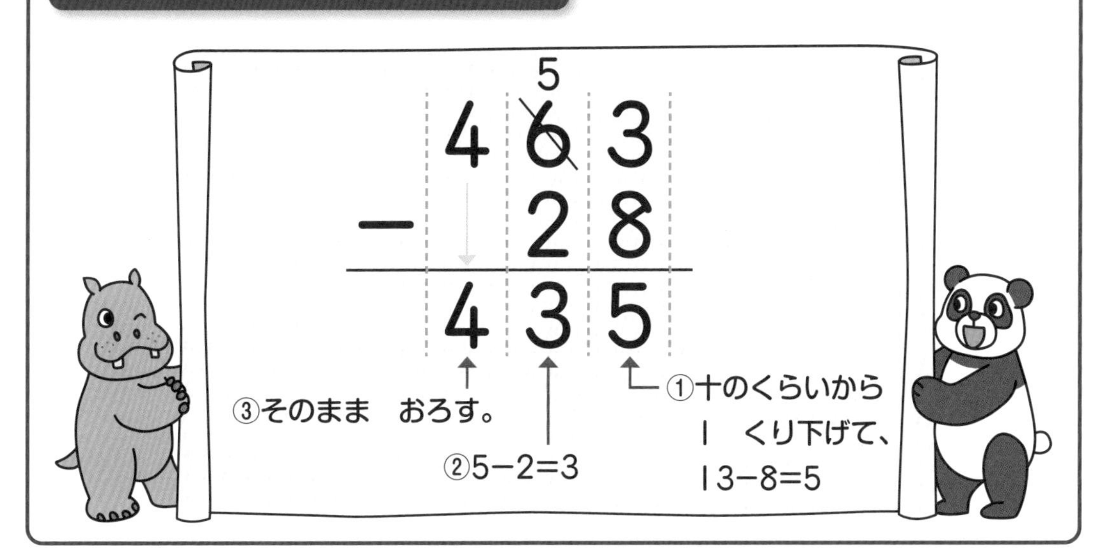

数が　大きく　なっても、これまでと　同じように　計算すれば　いいんだね。

朝の　テスト

せいかい　　もん ／ 12 もん

1 計算(けいさん)を　しましょう。

①

	1	5	2
+		1	6

②

	4	5	8
+		3	7

③

	2	3	4
+		2	9

④

		7	5
+	6	0	8

⑤

			7
+	3	5	9

⑥

	5	0	2
+			8

2 計算を　しましょう。

①

	2	6	8
−		6	4

②

	1	9	2
−		2	7

③

	5	9	0
−		6	3

④

	4	8	1
−		7	5

⑤

	3	5	7
−			8

⑥

	7	1	0
−			6

計算力が　かなり　アップしたね。
この　ちょうしで　がんばって！

20 ひっ算の　れんしゅう②

せいかい　もん／30もん

1 計算(けいさん)を　しましょう。

① 87 + 42

② 23 + 80

③ 69 + 75

④ 84 + 29

⑤ 56 + 64

⑥ 38 + 69

⑦ 96 + 8

⑧ 7 + 93

⑨ 319 + 46

2 計算を　しましょう。

① 125 − 72

② 149 − 89

③ 156 − 67

④ 140 − 43

⑤ 112 − 89

⑥ 102 − 94

⑦ 100 − 24

⑧ 107 − 9

⑨ 591 − 84

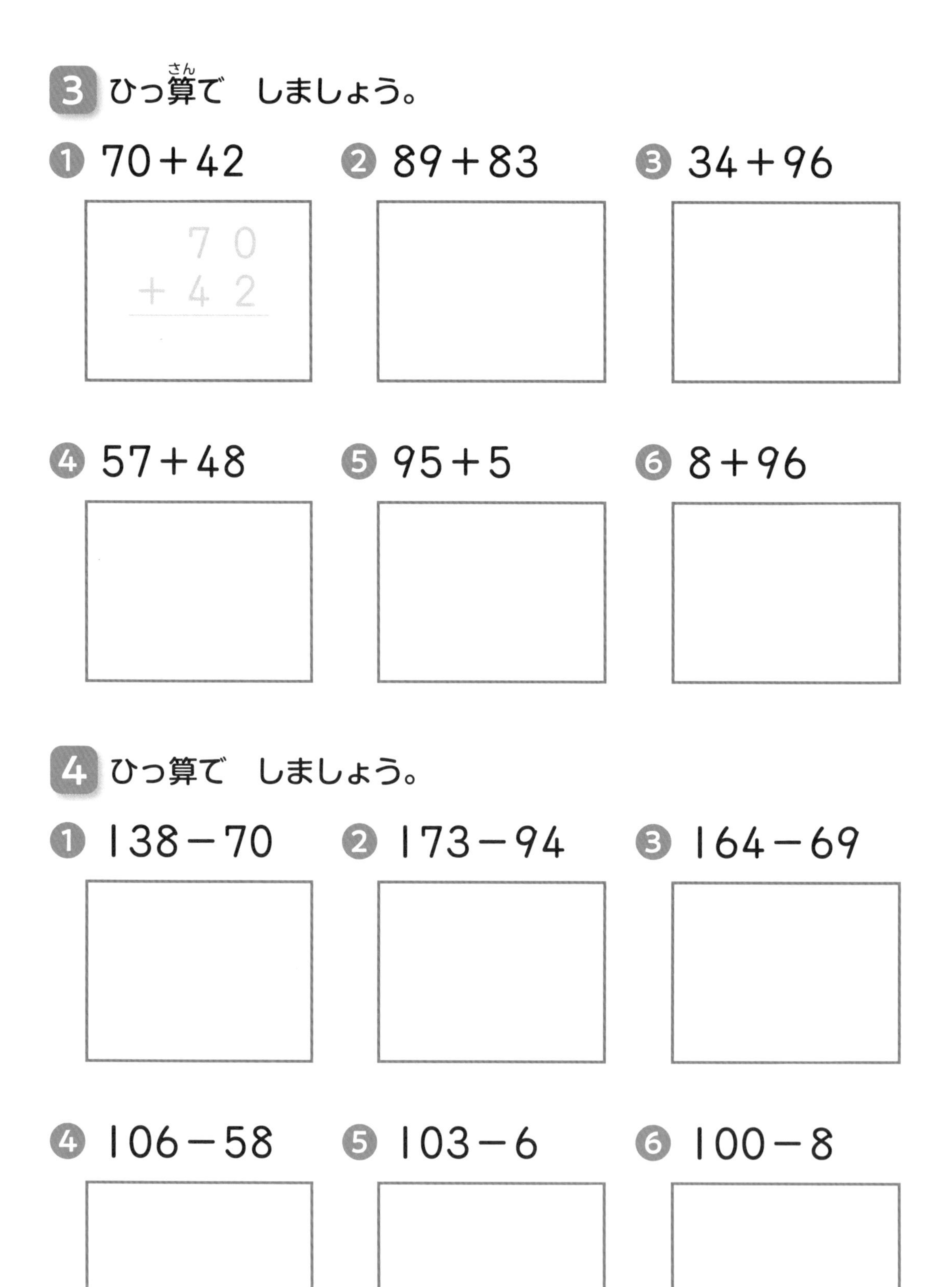

3 ひっ算で　しましょう。

❶ 70＋42

```
  7 0
+ 4 2
```

❷ 89＋83

❸ 34＋96

❹ 57＋48

❺ 95＋5

❻ 8＋96

4 ひっ算で　しましょう。

❶ 138－70

❷ 173－94

❸ 164－69

❹ 106－58

❺ 103－6

❻ 100－8

答え▶85ページ

21 ふくしゅうテスト①

せいかい　もん／36もん

1 計算(けいさん)を　しましょう。

① $\begin{array}{r} 43 \\ +36 \\ \hline \end{array}$

② $\begin{array}{r} 19 \\ +64 \\ \hline \end{array}$

③ $\begin{array}{r} 9 \\ +81 \\ \hline \end{array}$

④ $\begin{array}{r} 56 \\ +93 \\ \hline \end{array}$

⑤ $\begin{array}{r} 81 \\ +79 \\ \hline \end{array}$

⑥ $\begin{array}{r} 69 \\ +68 \\ \hline \end{array}$

⑦ $\begin{array}{r} 23 \\ +78 \\ \hline \end{array}$

⑧ $\begin{array}{r} 96 \\ +4 \\ \hline \end{array}$

⑨ $\begin{array}{r} 437 \\ +35 \\ \hline \end{array}$

2 計算を　しましょう。

① $\begin{array}{r} 79 \\ -43 \\ \hline \end{array}$

② $\begin{array}{r} 62 \\ -59 \\ \hline \end{array}$

③ $\begin{array}{r} 85 \\ -7 \\ \hline \end{array}$

④ $\begin{array}{r} 121 \\ -60 \\ \hline \end{array}$

⑤ $\begin{array}{r} 142 \\ -63 \\ \hline \end{array}$

⑥ $\begin{array}{r} 110 \\ -76 \\ \hline \end{array}$

⑦ $\begin{array}{r} 101 \\ -43 \\ \hline \end{array}$

⑧ $\begin{array}{r} 100 \\ -4 \\ \hline \end{array}$

⑨ $\begin{array}{r} 690 \\ -67 \\ \hline \end{array}$

3 計算を　しましょう。

❶ 6cm3mm＋5cm ＝

└─＝も　書きましょう。

❷ 9cm6mm－4cm2mm

❸ 5L7dL＋2dL

❹ 4L8dL－3L2dL

4 計算を　しましょう。

❶ 80＋30

❷ 60＋90

❸ 70＋60

❹ 110－50

❺ 120－80

❻ 170－80

❼ 500＋200

❽ 300＋700

❾ 800－600

❿ 1000－600

5 くふうして　計算しましょう。

❶ 29＋7＋3

❷ 6＋15＋5

❸ 27＋18＋2

❹ 16＋18＋4

答え▶86ページ

22

かけ算の　いみ

ながめて　おぼえよう

ジェットコースターに　のって　いる　人の　数(かず)は、

1台(だい)に 4人ずつ　3台分(ぶん)で　12人です。

(しき)　$4 \times 3 = 12$　かけ算(ざん)

かける

1つ分の　数　いくつ分　ぜんぶの　数

同(おな)じ　数ずつ　いくつか　ある　とき、かけ算で　あらわせるんだね。

朝の　テスト

1 ぜんぶで　いくつですか。かけ算の　しきに　書きましょう。

① 

□×□＝□

② 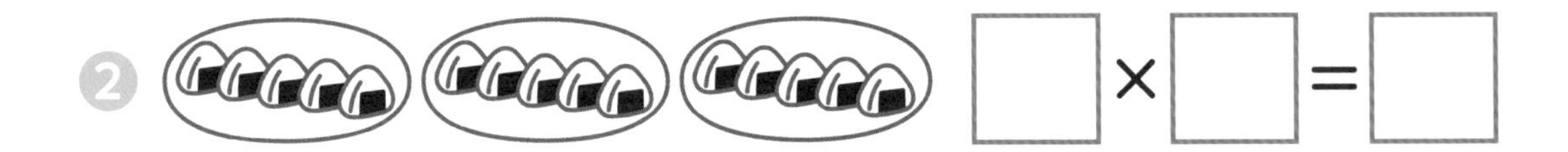

□×□＝□

③ 

□×□＝□

④ □×□＝□

2 絵と　合う　かけ算の　しきを　線で　つなぎましょう。

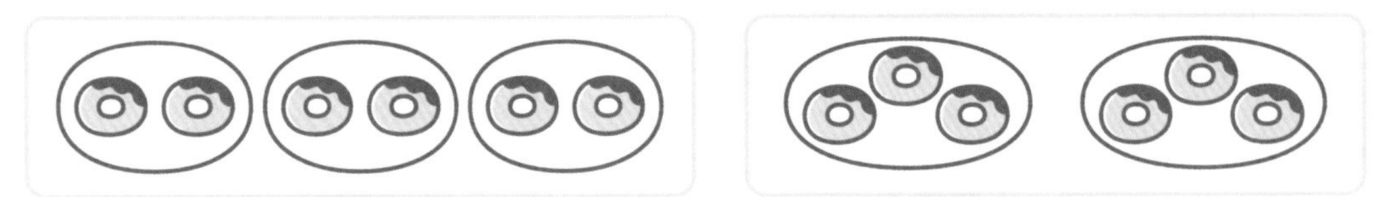

3×2　　3×3　　2×3

かけ算の　いみが　わかったね。
はい、いってらっしゃい！

23 5のだんの　九九

ながめて おぼえよう

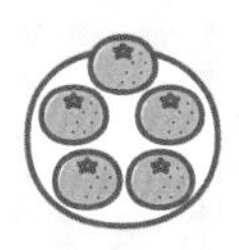

五一が（ごいち）
$5 \times 1 =$ 5（ご）

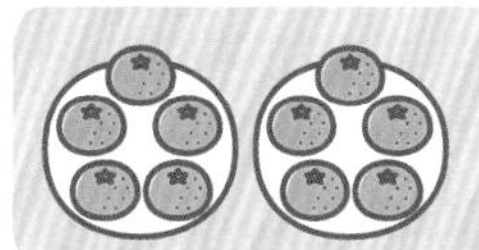

五二（ごに）
$5 \times 2 =$ 10（じゅう）

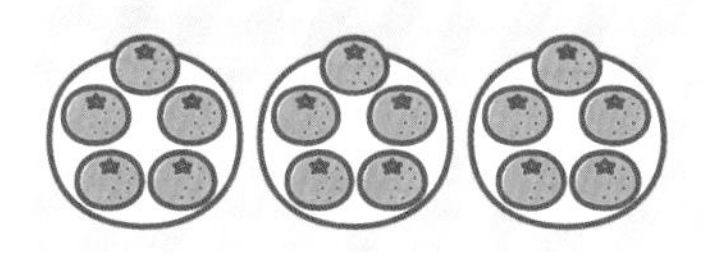

五三（ごさん）
$5 \times 3 =$ 15（じゅうご）

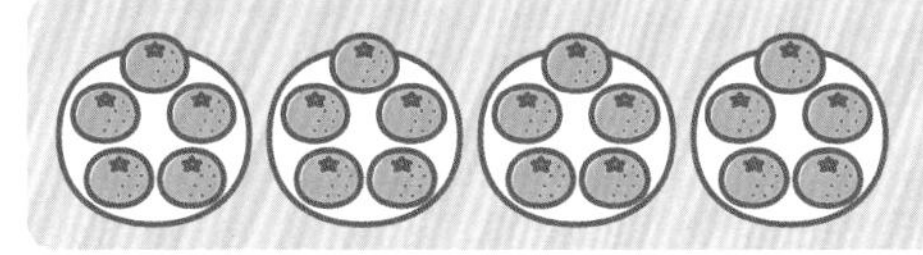

五四（ごし）
$5 \times 4 =$ 20（にじゅう）

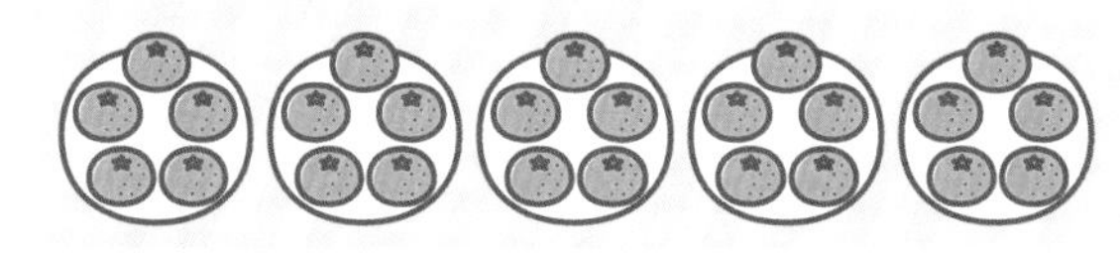

五五（ごご）
$5 \times 5 =$ 25（にじゅうご）

の　6つ分（ぶん）は？

五六（ごろく）
$5 \times 6 =$ 30（さんじゅう）

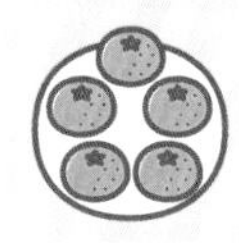

の　7つ分は？

五七（ごしち）
$5 \times 7 =$ 35（さんじゅうご）

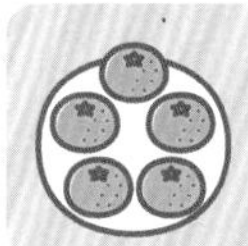

の　8つ分は？

五八（ごは）
$5 \times 8 =$ 40（しじゅう）

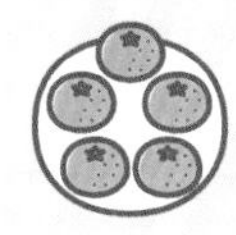

の　9つ分は？

五九（ごっく）
$5 \times 9 =$ 45（しじゅうご）

「五一が　5、五二　10、…」のような　いい方（かた）を　九九（くく）と いうんだよ。九九を　おぼえてね。

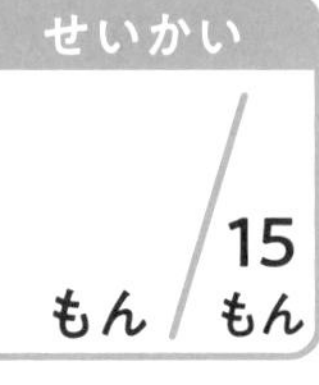

23 朝の　テスト

せいかい　もん／15もん

1 計算(けいさん)を　しましょう。

① $5 \times 3 =$ □　② $5 \times 5 =$ □

③ $5 \times 1 =$ □　④ $5 \times 4 =$ □

⑤ $5 \times 6 =$ □　⑥ $5 \times 2 =$ □

⑦ $5 \times 8 =$ □　⑧ $5 \times 9 =$ □

⑨ $5 \times 7 =$ □　⑩ $5 \times 4 =$ □

⑪ $5 \times 5 =$ □　⑫ $5 \times 8 =$ □

2 5のだんの　九九の　答(こた)えに　なる　数(かず)を　3つ見つけて、○で　かこみましょう。

㋐ 5　㋑ 1　㋒ 45　㋓ 12

㋔ 17　㋕ 35　㋖ 48　㋗ 23

5のだんの　九九の　答えは　5ずつ　ふえるよ。
はい、いってらっしゃい！

答(こた)え ▼ 86ページ

2のだんの　九九

ながめて
おぼえよう

二一が（にいち）　$2 \times 1 = 2$（に）

二二が（ににん）　$2 \times 2 = 4$（し）

二三が（にさん）　$2 \times 3 = 6$（ろく）

二四が（にし）　$2 \times 4 = 8$（はち）

二五（にご）　$2 \times 5 = 10$（じゅう）

の　6つ分（ぶん）は？　二六（にろく）　$2 \times 6 = 12$（じゅうに）

の　7つ分は？　二七（にしち）　$2 \times 7 = 14$（じゅうし）

の　8つ分は？　二八（にはち）　$2 \times 8 = 16$（じゅうろく）

の　9つ分は？　二九（にく）　$2 \times 9 = 18$（じゅうはち）

2のだんの　九九の　答（こた）えは　2ずつ　ふえて　いるね。
では、ゆっくり　おやすみ！

24 朝の　テスト

せいかい　もん / 15もん

1 計算を　しましょう。

① $2 \times 1 =$ □　② $2 \times 3 =$ □

③ $2 \times 5 =$ □　④ $2 \times 2 =$ □

⑤ $2 \times 4 =$ □　⑥ $2 \times 6 =$ □

⑦ $2 \times 9 =$ □　⑧ $2 \times 8 =$ □

⑨ $2 \times 7 =$ □　⑩ $2 \times 4 =$ □

⑪ $2 \times 9 =$ □　⑫ $2 \times 7 =$ □

2 2のだんの　九九の　答えに　なる　数を　3つ見つけて、○で　かこみましょう。

㋐ 3　㋑ 6　㋒ 7　㋓ 9

㋔ 12　㋕ 15　㋖ 16　㋗ 19

今日も　よく　がんばったね。
元気に　いってらっしゃい！

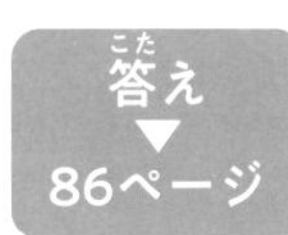
答え▼86ページ

3のだんの　九九

ながめて おぼえよう

	さんいち 三一が	さん
	3 × 1 =	3
	さん に 三二が	ろく
	3 × 2 =	6
	さ ざん 三三が	く
	3 × 3 =	9
	さん し 三四	じゅうに
	3 × 4 =	12
	さん ご 三五	じゅうご
	3 × 5 =	15
	さぶろく 三六	じゅうはち
の　6つ分(ぶん)は？	3 × 6 =	18
	さんしち 三七	にじゅういち
の　7つ分は？	3 × 7 =	21
	さん ぱ 三八	にじゅうし
の　8つ分は？	3 × 8 =	24
	さん く 三九	にじゅうしち
の　9つ分は？	3 × 9 =	27

3×5の　しきで、3を　かけられる数(かず)、5を　かける数と いうよ。おぼえてね！

25 朝の　テスト

せいかい　　もん／16もん

1 計算(けいさん)を　しましょう。

① $3 \times 3 = \square$　② $3 \times 2 = \square$

③ $3 \times 1 = \square$　④ $3 \times 4 = \square$

⑤ $3 \times 6 = \square$　⑥ $3 \times 5 = \square$

⑦ $3 \times 7 = \square$　⑧ $3 \times 9 = \square$

⑨ $3 \times 8 = \square$　⑩ $3 \times 3 = \square$

⑪ $3 \times 6 = \square$　⑫ $3 \times 8 = \square$

2 □に　あてはまる　数(かず)を　書(か)きましょう。

① $3 \times \square = 6$　② $3 \times \square = 15$

③ $3 \times \square = 21$　④ $3 \times \square = 27$

3のだんでは　かける数が　1　ふえると、答(こた)えは
3　ふえるね。

答(こた)え ▼ 86ページ

4のだんの　九九

ながめて　おぼえよう

四一が(しいち)　$4 \times 1 = 4$（し）

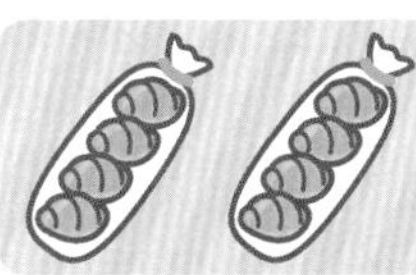

四二が(しに)　$4 \times 2 = 8$（はち）

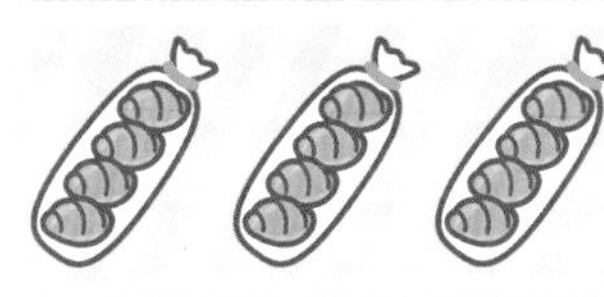

四三(しさん)　$4 \times 3 = 12$（じゅうに）

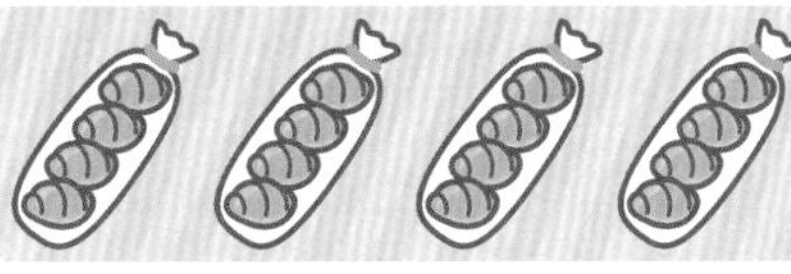

四四(しし)　$4 \times 4 = 16$（じゅうろく）

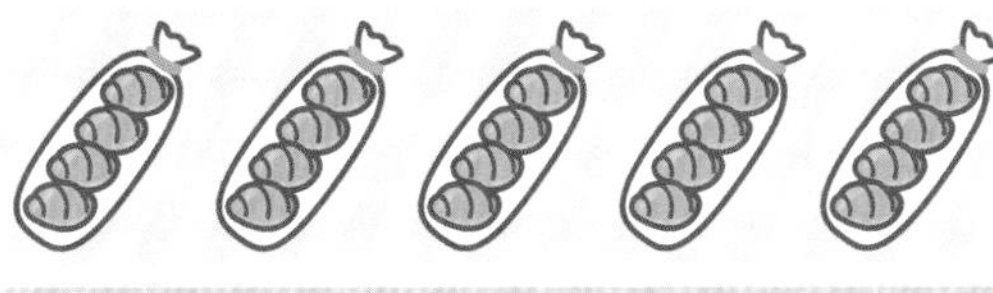

四五(しご)　$4 \times 5 = 20$（にじゅう）

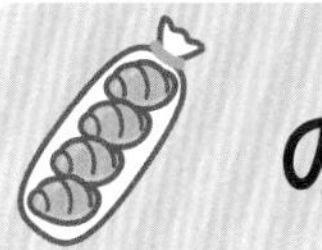

の　6つ分(ぶん)は？　四六(しろく)　$4 \times 6 = 24$（にじゅうし）

の　7つ分は？　四七(ししち)　$4 \times 7 = 28$（にじゅうはち）

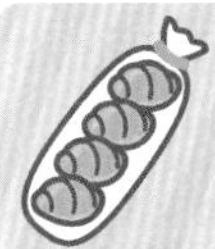

の　8つ分は？　四八(しは)　$4 \times 8 = 32$（さんじゅうに）

の　9つ分は？　四九(しく)　$4 \times 9 = 36$（さんじゅうろく）

4のだんでは、かける数(かず)が　1　ふえると、答(こた)えは　4　ふえるね。絵(え)からも　わかるよ。

朝の　テスト

せいかい　　もん／16もん

1 計算(けいさん)を　しましょう。

① 4 × 1 ＝ □　　② 4 × 3 ＝ □

③ 4 × 5 ＝ □　　④ 4 × 4 ＝ □

⑤ 4 × 2 ＝ □　　⑥ 4 × 7 ＝ □

⑦ 4 × 6 ＝ □　　⑧ 4 × 9 ＝ □

⑨ 4 × 8 ＝ □　　⑩ 4 × 4 ＝ □

⑪ 4 × 9 ＝ □　　⑫ 4 × 7 ＝ □

2 □に　あてはまる　数(かず)を　書(か)きましょう。

① 4 × □ ＝ 8　　② 4 × □ ＝ 20

③ 4 × □ ＝ 24　　④ 4 × □ ＝ 32

4のだんの　九九も　しっかり　おぼえてね。
今日(きょう)も　元気(げんき)に　いってらっしゃい！

2～5のだんの　九九の れんしゅう

せいかい　もん／36もん

1 計算(けいさん)を　しましょう。

❶ 2×5　　❷ 2×2

❸ 2×4　　❹ 2×8

❺ 2×7　　❻ 2×3

❼ 5×3　　❽ 5×6

❾ 5×4　　❿ 5×9

⓫ 3×3　　⓬ 3×1

⓭ 3×7　　⓮ 3×2

⓯ 3×4　　⓰ 3×9

⓱ 4×3　　⓲ 4×7

⓳ 4×9　　⓴ 4×6

2 まん中の 数(かず)に まわりの 数を かけましょう。

❶

5×2の 答(こた)えを 書(か)きます。

❷

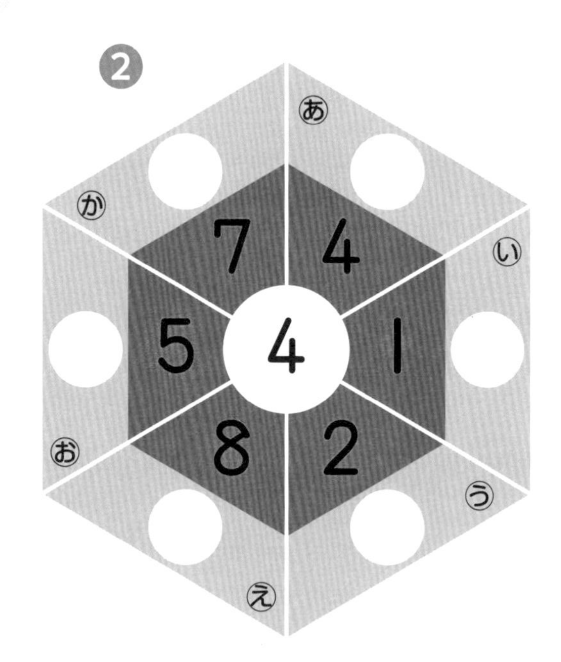

3 答えが 同(おな)じに なる かけ算(ざん)を 線(せん)で むすびましょう。

5×3	2×6	3×8	2×9
4×6	3×5	3×6	4×3

答(こた)え▶86ページ

28

6のだんの　九九

ながめて おぼえよう

	六一（ろくいち）が	$6 \times 1 =$	6（ろく）
	六二（ろくに）	$6 \times 2 =$	12（じゅうに）
	六三（ろくさん）	$6 \times 3 =$	18（じゅうはち）
	六四（ろくし）	$6 \times 4 =$	24（にじゅうし）
	六五（ろくご）	$6 \times 5 =$	30（さんじゅう）
の　6つ分（ぶん）は？	六六（ろくろく）	$6 \times 6 =$	36（さんじゅうろく）
の　7つ分は？	六七（ろくしち）	$6 \times 7 =$	42（しじゅうに）
の　8つ分は？	六八（ろくは）	$6 \times 8 =$	48（しじゅうはち）
の　9つ分は？	六九（ろっく）	$6 \times 9 =$	54（ごじゅうし）

九九を　おぼえると　べんりだよね。
では、すてきな　ゆめを　見てね！

28 朝の　テスト

せいかい　　もん／15もん

1 計算を　しましょう。

① $6 \times 2 =$ □　　② $6 \times 1 =$ □

③ $6 \times 3 =$ □　　④ $6 \times 5 =$ □

⑤ $6 \times 4 =$ □　　⑥ $6 \times 7 =$ □

⑦ $6 \times 8 =$ □　　⑧ $6 \times 6 =$ □

⑨ $6 \times 9 =$ □　　⑩ $6 \times 3 =$ □

⑪ $6 \times 8 =$ □　　⑫ $6 \times 4 =$ □

2 6のだんの　九九の　答えに　なる　数を　3つ
見つけて、○で　かこみましょう。

㋐ 8	㋑ 12	㋒ 28	㋓ 20
㋔ 36	㋕ 16	㋖ 32	㋗ 42

6のだんでは、かける数が　1　ふえると、答えは
6　ふえるね。

答え▼87ページ

7のだんの　九九

ながめて
おぼえよう

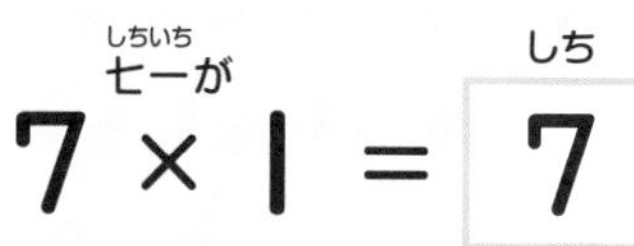

しちいち
七一が
$7 \times 1 =$ 7
しち

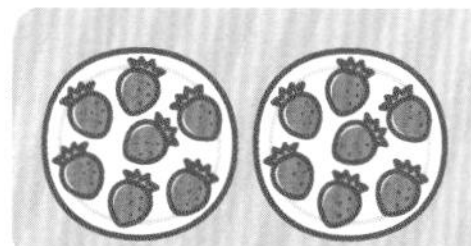

しちに
七二
$7 \times 2 =$ 14
じゅうし

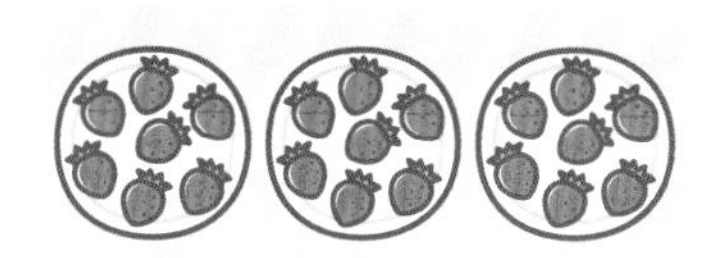

しちさん
七三
$7 \times 3 =$ 21
にじゅういち

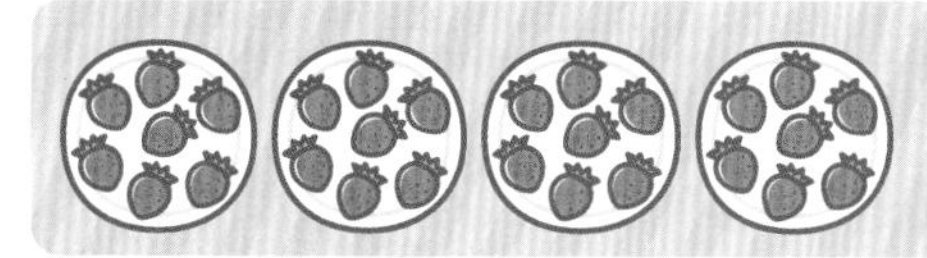

しちし
七四
$7 \times 4 =$ 28
にじゅうはち

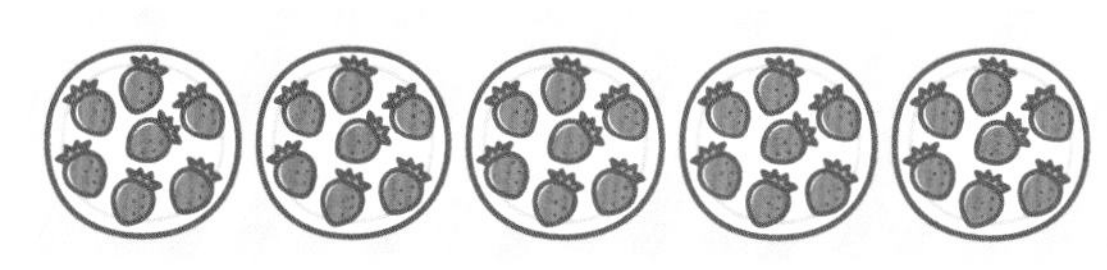

しちご
七五
$7 \times 5 =$ 35
さんじゅうご

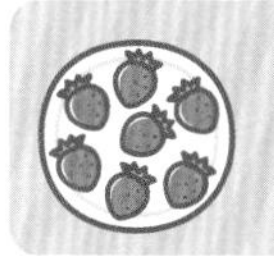

の　6つ分（ぶん）は？

しちろく
七六
$7 \times 6 =$ 42
しじゅうに

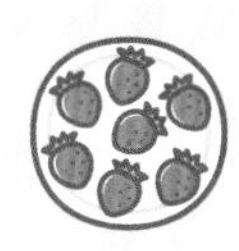

の　7つ分は？

しちしち
七七
$7 \times 7 =$ 49
しじゅうく

の　8つ分は？

しちは
七八
$7 \times 8 =$ 56
ごじゅうろく

の　9つ分は？

しちく
七九
$7 \times 9 =$ 63
ろくじゅうさん

7のだんでは　かける数（かず）が　1　ふえると、答（こた）えは　7
ふえるね。

29 朝の　テスト

せいかい　　もん / 15 もん

1 計算(けいさん)を　しましょう。

① 7 × 1 = □　　② 7 × 4 = □

③ 7 × 2 = □　　④ 7 × 5 = □

⑤ 7 × 3 = □　　⑥ 7 × 8 = □

⑦ 7 × 6 = □　　⑧ 7 × 7 = □

⑨ 7 × 9 = □　　⑩ 7 × 2 = □

⑪ 7 × 4 = □　　⑫ 7 × 8 = □

2 7のだんの　九九の　答(こた)えに　なる　数(かず)を　3つ見つけて、○で　かこみましょう。

㋐ 12　　㋑ 21　　㋒ 16　　㋓ 32

㋔ 35　　㋕ 24　　㋖ 63　　㋗ 54

7のだんは　おぼえにくいけど　がんばって
クリアしようね。

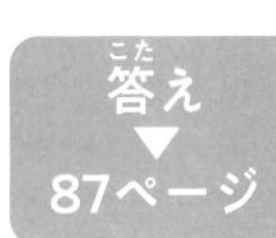

8のだんの　九九

ながめて おぼえよう

はちいち 八一が　はち
$8 \times 1 = 8$

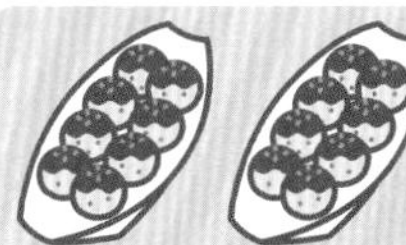

はちに 八二　じゅうろく
$8 \times 2 = 16$

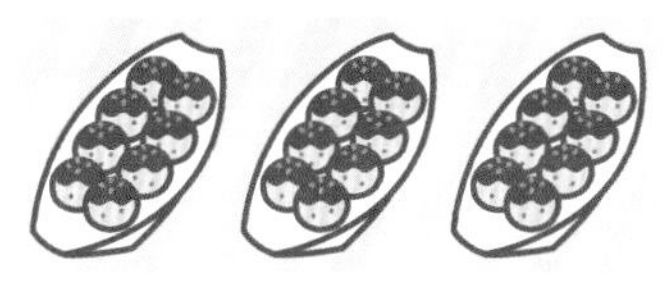

はちさん 八三　にじゅうし
$8 \times 3 = 24$

はちし 八四　さんじゅうに
$8 \times 4 = 32$

はちご 八五　しじゅう
$8 \times 5 = 40$

の　6つ分(ぶん)は？

はちろく 八六　しじゅうはち
$8 \times 6 = 48$

の　7つ分は？

はちしち 八七　ごじゅうろく
$8 \times 7 = 56$

の　8つ分は？

はっぱ 八八　ろくじゅうし
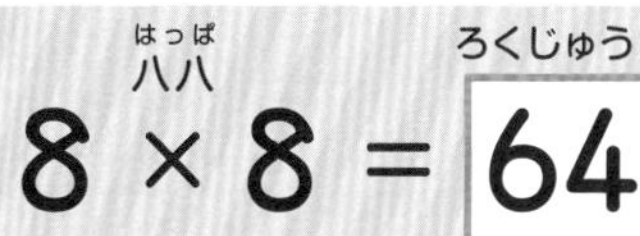
$8 \times 8 = 64$

の　9つ分は？

はっく 八九　しちじゅうに
$8 \times 9 = 72$

はい、おつかれさま。
はを　しっかり　みがいて、おやすみなさい！

朝の　テスト

せいかい　もん／16もん

1 計算(けいさん)を　しましょう。

① $8 \times 5 = \square$　② $8 \times 2 = \square$

③ $8 \times 4 = \square$　④ $8 \times 1 = \square$

⑤ $8 \times 3 = \square$　⑥ $8 \times 8 = \square$

⑦ $8 \times 7 = \square$　⑧ $8 \times 9 = \square$

⑨ $8 \times 6 = \square$　⑩ $8 \times 8 = \square$

⑪ $8 \times 3 = \square$　⑫ $8 \times 7 = \square$

2 □に　あてはまる　数(かず)を　書(か)きましょう。

① $8 \times \square = 16$　② $8 \times \square = 32$

③ $8 \times \square = 48$　④ $8 \times \square = 72$

今日(きょう)も　よく　がんばったね。
では、気を　つけて　いってらっしゃい！

答(こた)え ▼ 87ページ

9のだんの　九九

ながめて おぼえよう

九一（くいち）が　$9 \times 1 = 9$（く）

九二（くに）　$9 \times 2 = 18$（じゅうはち）

九三（くさん）　$9 \times 3 = 27$（にじゅうしち）

九四（くし）　$9 \times 4 = 36$（さんじゅうろく）

九五（くご）　$9 \times 5 = 45$（しじゅうご）

の　6つ分（ぶん）は？

九六（くろく）　$9 \times 6 = 54$（ごじゅうし）

の　7つ分は？

九七（くしち）　$9 \times 7 = 63$（ろくじゅうさん）

の　8つ分は？

九八（くは）　$9 \times 8 = 72$（しちじゅうに）

の　9つ分は？

九九（くく）　$9 \times 9 = 81$（はちじゅういち）

九九を　ラップのように　リズムに　のせて　いうと、
おぼえやすいかも？！

朝の　テスト

せいかい　もん／16もん

1 計算(けいさん)を　しましょう。

① $9 \times 2 =$ □　② $9 \times 1 =$ □

③ $9 \times 4 =$ □　④ $9 \times 3 =$ □

⑤ $9 \times 5 =$ □　⑥ $9 \times 7 =$ □

⑦ $9 \times 9 =$ □　⑧ $9 \times 6 =$ □

⑨ $9 \times 8 =$ □　⑩ $9 \times 4 =$ □

⑪ $9 \times 9 =$ □　⑫ $9 \times 7 =$ □

2 □に　あてはまる　数(かず)を　書(か)きましょう。

① $9 \times$ □ $= 27$　② $9 \times$ □ $= 45$

③ $9 \times$ □ $= 54$　④ $9 \times$ □ $= 72$

ミスした　かけ算(ざん)は、九九を　何回(なんかい)も　いって
しっかり　おぼえよう！

答(こた)え ▼ 87ページ

1のだんの　九九

ながめて おぼえよう

一一(いんいち)が　1 × 1 ＝ 1(いち)

一二(いんに)が　1 × 2 ＝ 2(に)

一三(いんさん)が　1 × 3 ＝ 3(さん)

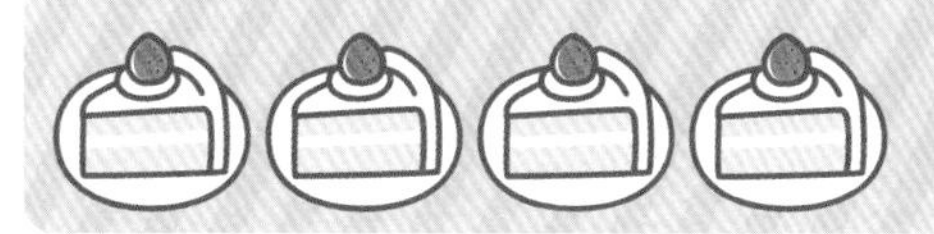

一四(いんし)が　1 × 4 ＝ 4(し)

一五(いんご)が　1 × 5 ＝ 5(ご)

の　6つ分(ぶん)は？　一六(いんろく)が　1 × 6 ＝ 6(ろく)

の　7つ分は？　一七(いんしち)が　1 × 7 ＝ 7(しち)

の　8つ分は？　一八(いんはち)が　1 × 8 ＝ 8(はち)

の　9つ分は？　一九(いんく)が　1 × 9 ＝ 9(く)

1のだんの　九九の　答(こた)えは、かける数(かず)と　同(おな)じ　数に
なるんだね。

朝の　テスト

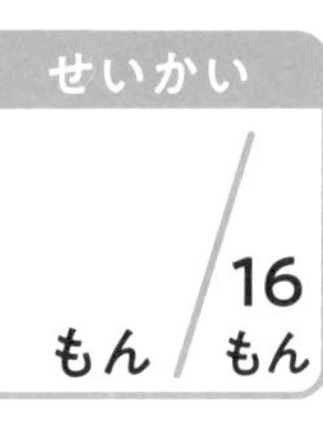

1 計算(けいさん)を　しましょう。

① $1 \times 4 =$ □　② $1 \times 1 =$ □

③ $1 \times 2 =$ □　④ $1 \times 5 =$ □

⑤ $1 \times 3 =$ □　⑥ $1 \times 7 =$ □

⑦ $1 \times 9 =$ □　⑧ $1 \times 6 =$ □

⑨ $1 \times 8 =$ □　⑩ $1 \times 2 =$ □

⑪ $1 \times 4 =$ □　⑫ $1 \times 7 =$ □

2 □に　あてはまる　数(かず)を　書(か)きましょう。

① $1 \times$ □ $= 1$　② $1 \times$ □ $= 3$

③ $1 \times$ □ $= 5$　④ $1 \times$ □ $= 9$

今日(きょう)も　ぜっこうちょうだね。
この　ちょうしで　いってらっしゃい！

答(こた)え ▼ 87ページ

6～9、1のだんの　九九の　れんしゅう

1 計算(けいさん)を　しましょう。

❶ 6×4　　❷ 6×9

❸ 6×2　　❹ 6×8

❺ 7×3　　❻ 7×8

❼ 7×1　　❽ 7×7

❾ 8×3　　❿ 8×9

⓫ 8×6　　⓬ 8×2

⓭ 8×7　　⓮ 8×4

⓯ 9×5　　⓰ 9×7

⓱ 9×9　　⓲ 9×4

⓳ 1×1　　⓴ 1×8

2 まん中の 数に まわりの 数を かけましょう。

❶

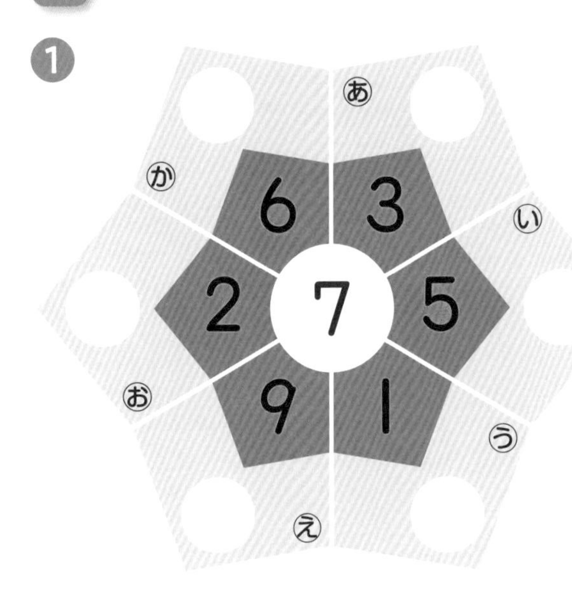

❷

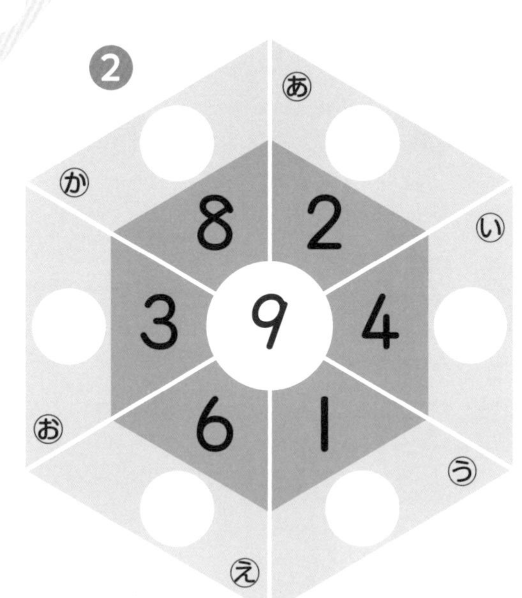

3 □に あてはまる 数を 書きましょう。

❶ 6 × □ ＝ 18　　❷ 8 × □ ＝ 40

❸ 7 × □ ＝ 28　　❹ 9 × □ ＝ 81

❺ 1 × □ ＝ 2　　❻ 6 × □ ＝ 42

❼ 8 × □ ＝ 64　　❽ 1 × □ ＝ 6

答え▶87ページ

九九の　ひょうと
九九を　こえた　かけ算

ながめて
おぼえよう

九九の ひょう

かける数（かず）

かけられる数

	1	2	3	4	5	6	7	8	9	10	11	12
1	1	2	3	4	5	6	7	8	9			
2	2	4	6	8	10	12	14	16	18			
3	3	6	9	12	15	18	21	24	27			
4	4	8	12	16	20	24	28	32	36			
5	5	10	15	20	25	30	35	40	45			
6	6	12	18	24	30	36	42	48	54			㋐
7	7	14	21	28	35	42	49	56	63			
8	8	16	24	32	40	48	56	64	72			
9	9	18	27	36	45	54	63	72	81			
10												

2×8の　答え（こたえ）

6のだん

●㋐に　入る　6×12の　答えは？

6× 9 ＝54

6 ふえる

6×10＝60

6 ふえる

6×11＝66

6 ふえる

6×12＝72

かけ算（さん）の　きまり

かける数が　1
ふえると、答えは
かけられる数だけ
ふえる。

かけ算の　きまりを　つかえば、6×12のような　九九を
こえた　かけ算も　できるんだね。

34 朝の　テスト

せいかい　／16 もん

1 下の　九九の　ひょうで、㋐～㋕に　あてはまる　数(かず)を　書(か)き入れましょう。

かける数

かけられる数	1	2	3	4	5	6	7	8	9
5	5	10	15	20	25	30	35	40	45
6	6	12	18	㋐	30	36	42	㋑	54
7	7	㋒	21	28	35	㋓	49	56	63
8	8	16	㋔	32	40	48	㋕	64	72

2 つぎの　かけ算(さん)の　答(こた)えを　もとめましょう。

❶ $5 \times 12 =$ □

㋐ $5 \times 9 =$ □
㋑ $5 \times 10 =$ □
㋒ $5 \times 11 =$ □
㋓ $5 \times 12 =$ □

❷ $8 \times 12 =$ □

㋐ $8 \times 9 =$ □
㋑ $8 \times 10 =$ □
㋒ $8 \times 11 =$ □
㋓ $8 \times 12 =$ □

朝(あさ)から　よく　がんばったね。
さあ、今日(きょう)も　元気(げんき)に　いってらっしゃい！

答(こた)え ▼ 87ページ

35 10000までの　数

ながめて おぼえよう

さいふには　いくら　入って　いるかな？

1000が　2こ　100が　4こ　10が　3こ　1が　5こ

2000（二千）　400　30　5

2435（二千四百三十五）

100が　15こ → 1500（千五百）

1000が　10こ → 10000（一万）

1000が　3こで　「三千」、1000が　5こで「五千」のように　いうんだね。

朝の　テスト

1 紙(かみ)の　数(かず)を　数字(すうじ)で　書(か)きましょう。

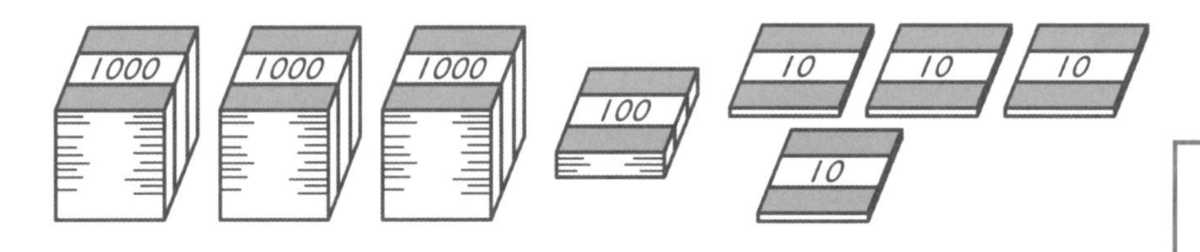

□

2 □に　あてはまる　数を　書きましょう。

① 1000を　6こ　あつめた　数は □

② 4000と　700と　8を　あわせた　数は □

③ 1000を　5こ、10を　9こ、1を　7こ　あわせた

数は □

④ 100を　12こ　あつめた　数は □

⑤ 3600は、100を □ こ　あつめた　数

⑥ 10000は、1000を □ こ　あつめた　数

10000（一万(いちまん)）と　いう　数も　よく　おぼえて　おこうね。

答(こた)え
▼
88ページ

10000までの　数の計算

ながめて　おぼえよう

500＋700の　計算

500　　700

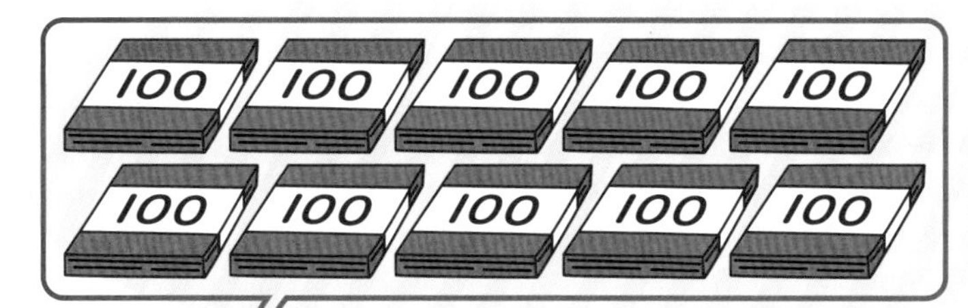

100の　たばが　5+7で　12こ
100の　たばが　12こだから、
1200

500 ＋ 700 ＝ 1200

100の　たばの　数で　考えれば　いいね。
ひき算も　同じように　考えれば　できるよ。

朝の　テスト

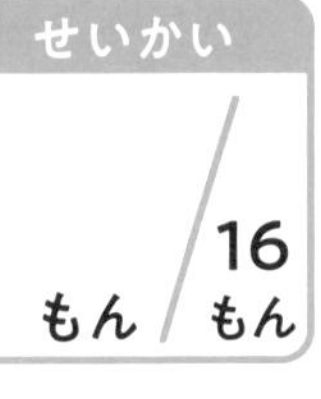

1 計算(けいさん)を　しましょう。

① $900+400=$ □　② $600+500=$ □

③ $400+800=$ □　④ $900+500=$ □

⑤ $900+200=$ □　⑥ $600+900=$ □

⑦ $900+800=$ □　⑧ $600+600=$ □

⑨ $800+500=$ □　⑩ $600+800=$ □

⑪ $800+700=$ □　⑫ $900+900=$ □

2 計算を　しましょう。

① $600-400=$ □　② $900-200=$ □

③ $1000-700=$ □　④ $1000-400=$ □

たくさん　計算を　したね。
計算が　楽(たの)しく　なって　きたんじゃない？！

答(こた)え ▼ 88ページ

37 長い　長さの　計算

ながめて　おぼえよう

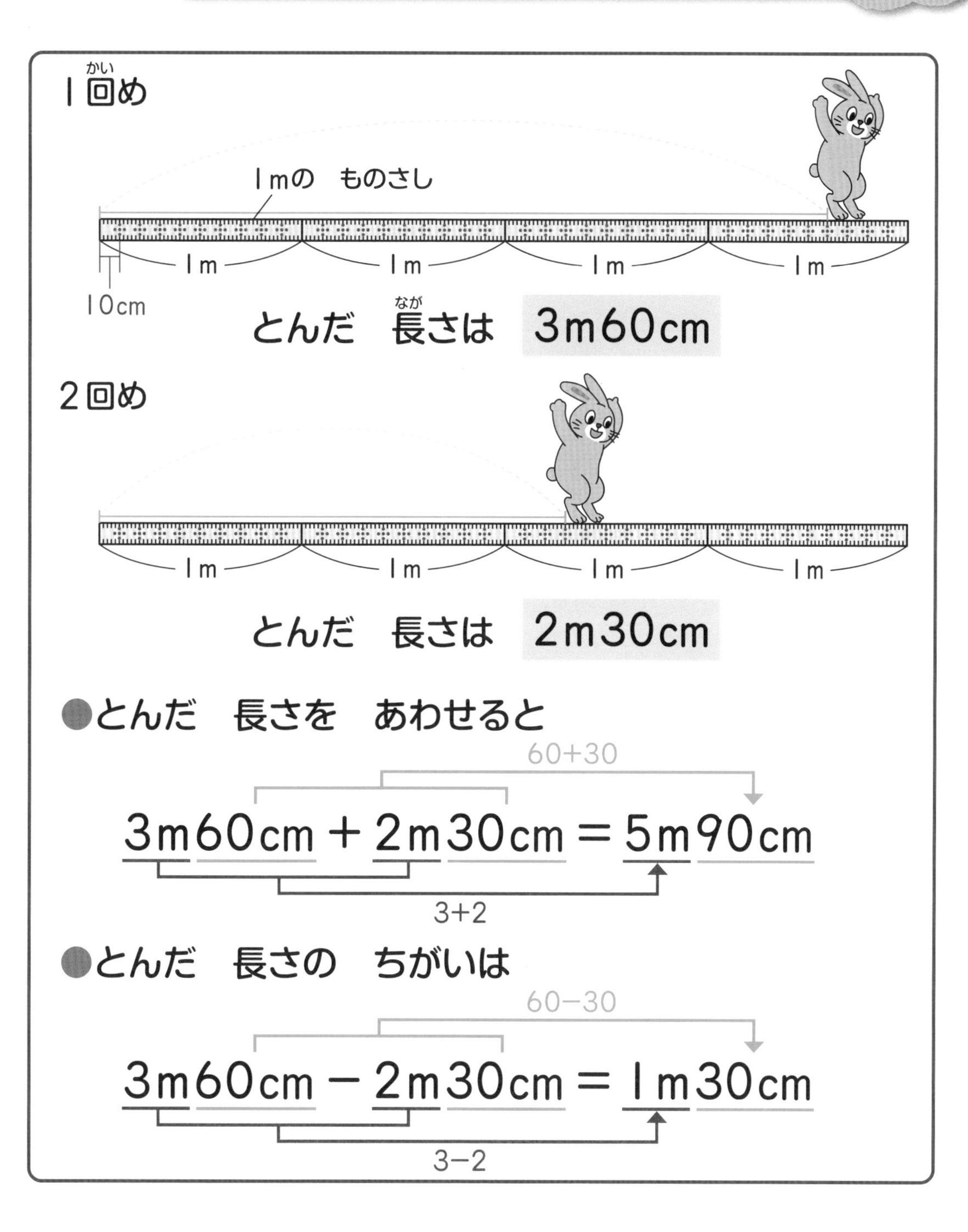

mも　長さの　たんいだよ。mの　ときも、同じ　たんいの
数どうしを　計算するんだね。

37 朝の　テスト

1 1mの　ものさしを　つなげました。左の　はしから　㋐、㋑までの　長さは、それぞれ　何m何cmですか。

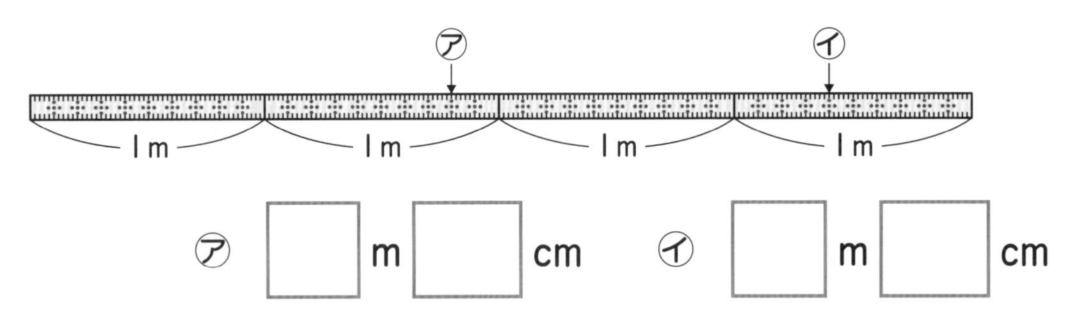

㋐ □m□cm　㋑ □m□cm

2 計算を　しましょう。

① 1m20cm＋40cm＝□m□cm

② 1m50cm＋3m＝□m□cm

③ 2m40cm＋2m30cm＝□m□cm

④ 2m80cm－60cm＝□m□cm

⑤ 5m40cm－4m＝□m□cm

⑥ 3m90cm－1m40cm＝□m□cm

あとは　テストで　おわりだよ。
さいごまで　がんばろう！

答え ▼ 88ページ

38 ふくしゅうテスト②

せいかい
もん / 36 もん

1 計算(けいさん)を　しましょう。

❶ 2×6　　❷ 4×4

❸ 5×3　　❹ 3×6

❺ 6×5　　❻ 8×9

❼ 7×2　　❽ 1×8

❾ 9×4　　❿ 7×3

⓫ 3×8　　⓬ 6×6

⓭ 2×9　　⓮ 8×4

⓯ 9×6　　⓰ 4×7

⓱ 5×9　　⓲ 6×4

⓳ 1×7　　⓴ 7×8

2 つぎの　かけ算の　答えを　もとめましょう。

❶ 4×11　　❷ 7×12

3 計算を　しましょう。

❶ 900＋300　　❷ 500＋600

❸ 800＋600　　❹ 700＋900

❺ 500＋800　　❻ 800＋800

❼ 900＋600　　❽ 600＋700

❾ 800－200　　❿ 1000－300

4 計算を　しましょう。

❶ 2m60cm＋20cm

❷ 3m20cm＋1m70cm

❸ 6m30cm－2m

❹ 5m70cm－2m30cm

答え▶88ページ

まとめテスト①

せいかい　もん／38もん

1 計算(けいさん)を　しましょう。

① $\begin{array}{r} 25 \\ +\ 32 \\ \hline \end{array}$　② $\begin{array}{r} 44 \\ +\ 26 \\ \hline \end{array}$　③ $\begin{array}{r} 89 \\ +\ \ 7 \\ \hline \end{array}$

④ $\begin{array}{r} 78 \\ +\ 61 \\ \hline \end{array}$　⑤ $\begin{array}{r} 43 \\ +\ 97 \\ \hline \end{array}$　⑥ $\begin{array}{r} 79 \\ +\ 45 \\ \hline \end{array}$

⑦ $\begin{array}{r} 52 \\ +\ 48 \\ \hline \end{array}$　⑧ $\begin{array}{r} 6 \\ +\ 99 \\ \hline \end{array}$　⑨ $\begin{array}{r} 358 \\ +\ \ 34 \\ \hline \end{array}$

2 計算を　しましょう。

① $\begin{array}{r} 67 \\ -\ 62 \\ \hline \end{array}$　② $\begin{array}{r} 62 \\ -\ 53 \\ \hline \end{array}$　③ $\begin{array}{r} 42 \\ -\ \ 7 \\ \hline \end{array}$

④ $\begin{array}{r} 118 \\ -\ \ 43 \\ \hline \end{array}$　⑤ $\begin{array}{r} 136 \\ -\ \ 98 \\ \hline \end{array}$　⑥ $\begin{array}{r} 124 \\ -\ \ 28 \\ \hline \end{array}$

⑦ $\begin{array}{r} 110 \\ -\ \ 97 \\ \hline \end{array}$　⑧ $\begin{array}{r} 104 \\ -\ \ 35 \\ \hline \end{array}$　⑨ $\begin{array}{r} 491 \\ -\ \ 26 \\ \hline \end{array}$

3 計算(けいさん)を　しましょう。

❶ 5×7
❷ 3×6
❸ 4×2
❹ 6×7
❺ 2×8
❻ 8×3
❼ 7×6
❽ 9×7
❾ 1×9
❿ 4×8

4 計算を　しましょう。

❶ 40＋90
❷ 130－50
❸ 600＋400
❹ 900－400
❺ 700＋700
❻ 1000－100

5 計算を　しましょう。

❶ 5cm3mm＋5cm
❷ 6m80cm－4m20cm
❸ 3L2dL＋6dL
❹ 5L9dL－4L7dL

答(こた)え▶88ページ

40 まとめテスト②

せいかい　もん／41もん

1 計算を　しましょう。

(けいさん)

❶
```
   58
 + 65
 ────
```

❷
```
   24
 +  7
 ────
```

❸
```
   38
 + 32
 ────
```

❹
```
   63
 + 86
 ────
```

❺
```
   97
 +  3
 ────
```

❻
```
   43
 + 59
 ────
```

❼
```
   72
 −  4
 ────
```

❽
```
   80
 − 49
 ────
```

❾
```
  113
 − 17
 ─────
```

❿
```
  135
 − 45
 ─────
```

⓫
```
  100
 − 93
 ─────
```

⓬
```
  144
 − 69
 ─────
```

2 ひっ算で　しましょう。

❶ 59＋8　❷ 8＋93

❸ 100−6

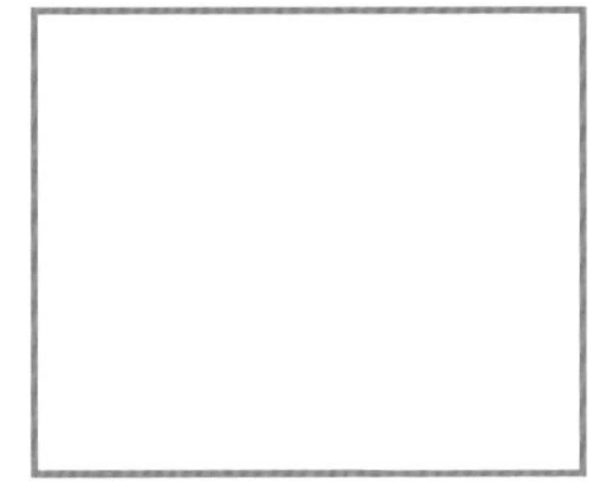

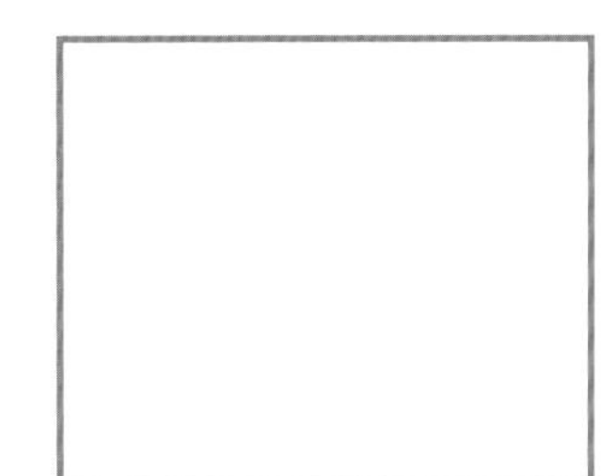

3 計算(けいさん)を　しましょう。

❶ 3×7

❷ 9×3

❸ 6×8

❹ 2×4

❺ 1×1

❻ 5×5

❼ 7×4

❽ 8×8

❾ 4×6

❿ 9×4

⓫ 5×8

⓬ 8×6

⓭ 6×3

⓮ 1×5

⓯ 7×9

⓰ 3×4

⓱ 2×7

⓲ 4×9

⓳ 9×8

⓴ 8×7

4 計算を　しましょう。

❶ $40 + 80$

❷ $300 + 600$

❸ $500 + 900$

❹ $110 - 30$

❺ $900 - 700$

❻ $1000 - 800$

答(こた)え▶88ページ

答えとアドバイス

おうちの方へ
▶まちがえた問題は、もう一度やり直しましょう。
▶アドバイスを読んで、学習に役立てましょう。

1 たし算　4ページ

1 ①20　②30　③50　④40　⑤70　⑥90

2 ①22　②43　③31　④65　⑤51　⑥83　⑦75　⑧96

アドバイス 2 何十を作って計算しますが、次のような計算のしかたもあります。

①19+3（19を10と9に分ける）
①9と3で、12
②10と12で、22

2 ひき算　6ページ

1 ①17　②25　③41　④36　⑤68　⑥89

2 ①13　②34　③56　④26　⑤48　⑥69　⑦57　⑧78

アドバイス 2 何十何の何十からひいて計算しますが、次のような計算のしかたもあります。

①21−8（21を10と11に分ける）
①11から8をひいて、3
②10と3で、13

3 たし算の　ひっ算①　8ページ

1 ①56　②68　③79　④65　⑤82　⑥90

2 ①37　②58　③64　④25　⑤49　⑥75

4 たし算の　ひっ算②　10ページ

1 ①53　②81　③74　④93　⑤60　⑥50

2 ①42　②64　③80　④54　⑤91　⑥70

アドバイス 一の位の計算で、十の位へ1くり上がる筆算です。くり上げた1を小さく書いて、たし忘れないように注意させましょう。

1 ①23　②17　③56　④63　⑤23　⑥40　⑦8　⑧4　⑨7

2 ①34　②41　③70

アドバイス 1の⑦の「5−5=0」のような計算に注意させましょう。

6 ひき算の　ひっ算②　14ページ

1 ①43　②25　③19　④67　⑤21　⑥37　⑦5　⑧8　⑨4

2 ①27　②46　③62

アドバイス 一の位の計算で、十の位から1くり下げます。これを忘れないように、くり下げた後の数を小さく書いて計算させましょう。

7 ひっ算の　れんしゅう①　15ページ

1
① 45　② 68　③ 91
④ 52　⑤ 80　⑥ 95
⑦ 29　⑧ 70　⑨ 62

2
① 41　② 35　③ 2
④ 57　⑤ 19　⑥ 4
⑦ 60　⑧ 29　⑨ 78

3
① $\begin{array}{r} 34 \\ +45 \\ \hline 79 \end{array}$　② $\begin{array}{r} 42 \\ +18 \\ \hline 60 \end{array}$　③ $\begin{array}{r} 57 \\ +26 \\ \hline 83 \end{array}$

④ $\begin{array}{r} 6 \\ +43 \\ \hline 49 \end{array}$　⑤ $\begin{array}{r} 29 \\ +\ 8 \\ \hline 37 \end{array}$　⑥ $\begin{array}{r} 7 \\ +83 \\ \hline 90 \end{array}$

4
① $\begin{array}{r} 78 \\ -53 \\ \hline 25 \end{array}$　② $\begin{array}{r} 90 \\ -36 \\ \hline 54 \end{array}$　③ $\begin{array}{r} 74 \\ -26 \\ \hline 48 \end{array}$

④ $\begin{array}{r} 60 \\ -55 \\ \hline 5 \end{array}$　⑤ $\begin{array}{r} 69 \\ -\ 7 \\ \hline 62 \end{array}$　⑥ $\begin{array}{r} 94 \\ -\ 9 \\ \hline 85 \end{array}$

アドバイス　3の④～⑥、4の⑤、⑥のように、けた数が違う数の筆算では、位をそろえて書くことに特に注意が必要です。

8 長さの　計算　18ページ

1
㋐ 3cm　㋑ 5cm8mm

2
① 13cm4mm　② 3cm8mm
③ 10cm7mm　④ 5cm6mm
⑤ 9cm3mm　⑥ 6cm5mm

9 1000までの　数　20ページ

1
① 213　② 402

2
① 5　② 700　③ 628
④ 150　⑤ 12　⑥ 10

10 何十、何百の　計算①　22ページ

1
① 120　② 110　③ 130
④ 120　⑤ 160　⑥ 140
⑦ 150　⑧ 170

2
① 60　② 30　③ 90　④ 50
⑤ 80　⑥ 70　⑦ 90　⑧ 80

11 何十、何百の　計算②　24ページ

1
① 400　② 500　③ 900
④ 600　⑤ 800　⑥ 900
⑦ 1000　⑧ 1000

2
① 400　② 300　③ 200
④ 100　⑤ 600　⑥ 400
⑦ 500　⑧ 800

12 かさの　計算　26ページ

1
① 8dL　② 3L4dL

2
① 4L5dL　② 2L6dL
③ 3L9dL　④ 1L4dL
⑤ 2L5dL　⑥ 3L7dL

13 3つの　数の　たし算の　くふう　28ページ

1
① 20、29　② 20、35
③ 20、28

2
① 38　② 27　③ 39　④ 48
⑤ 35　⑥ 49　⑦ 36　⑧ 47

アドバイス　2　たして10や何十になる2つの数を見つけ、先に計算して答えを求めます。⑦、⑧は、1の③のように数の順番を入れかえて、7+3や15+5を先に計算します。

1　①114　②128　③146　④158　⑤177　⑥149　⑦107　⑧106　⑨105

2　① 82 + 53 = 135　② 38 + 90 = 128　③ 72 + 34 = 106

15 百のくらいに　くり上がる　たし算の　ひっ算② 32ページ

1　①131　②152　③123　④147　⑤135　⑥128　⑦103　⑧104　⑨100

2　①101　②100　③106

アドバイス　これまでと同じように、一の位の計算でくり上げた1を小さく書いて計算させましょう。

16 百のくらいから　くり下がる　ひき算の　ひっ算① 34ページ

1　①34　②72　③91　④43　⑤86　⑥75　⑦86　⑧60　⑨70

2　① 148 − 95 = 53　② 109 − 82 = 27　③ 114 − 74 = 40

17 百のくらいから　くり下がる　ひき算の　ひっ算② 36ページ

1　①67　②58　③39　④86　⑤18　⑥65　⑦78　⑧95　⑨46

2　① 132 − 87 = 45　② 117 − 49 = 68　③ 180 − 87 = 93

18 百のくらいから　くり下がる　ひき算の　ひっ算③ 38ページ

1　①45　②29　③6　④97　⑤98　⑥59　⑦2　⑧95　⑨93

2　① 103 − 9 = 94　② 100 − 36 = 64　③ 100 − 2 = 98

19 大きい　数の　ひっ算 40ページ

1　①168　②495　③263　④683　⑤366　⑥510

2　①204　②165　③527　④406　⑤349　⑥704

20 ひっ算の　れんしゅう② 41ページ

1　①129　②103　③144　④113　⑤120　⑥107　⑦104　⑧100　⑨365

2　①53　②60　③89　④97　⑤23　⑥8　⑦76　⑧98　⑨507

3　① 70 + 42 = 112　② 89 + 83 = 172　③ 34 + 96 = 130　④ 57 + 48 = 105　⑤ 95 + 5 = 100　⑥ 8 + 96 = 104

4　① 138 − 70 = 68　② 173 − 94 = 79　③ 164 − 69 = 95　④ 106 − 58 = 48　⑤ 103 − 6 = 97　⑥ 100 − 8 = 92

21 ふくしゅうテスト① 43ページ

1 ①79 ②83 ③90
④149 ⑤160 ⑥137
⑦101 ⑧100 ⑨472

2 ①36 ②3 ③78
④61 ⑤79 ⑥34
⑦58 ⑧96 ⑨623

3 ①11cm3mm ②5cm4mm
③5L9dL ④1L6dL

4 ①110 ②150 ③130
④60 ⑤40 ⑥90
⑦700 ⑧1000 ⑨200
⑩400

5 ①39 ②26 ③47 ④38

22 かけ算の　いみ 46ページ

1 ①2×4=8 ②5×3=15
③4×2=8 ④3×4=12

2

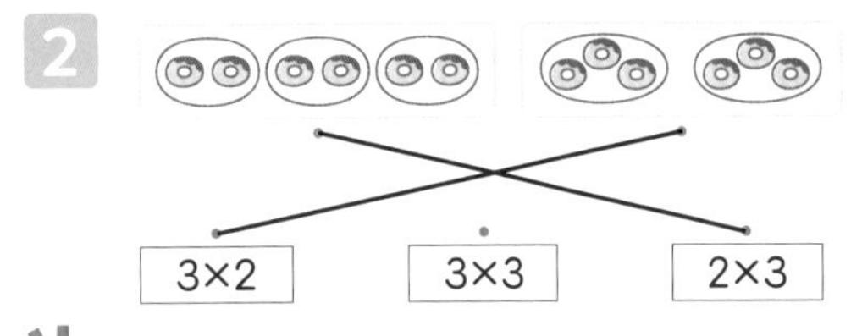

アドバイス **2** 左の絵は、「1皿に2個ずつの3皿分」なので「2×3」、右の絵は「1皿に3個ずつの2皿分」なので「3×2」です。

23 5のだんの　九九 48ページ

1 ①15 ②25 ③5 ④20
⑤30 ⑥10 ⑦40 ⑧45
⑨35 ⑩20 ⑪25 ⑫40

2 ㋐、㋒、㋕を○で囲む。

24 2のだんの　九九 50ページ

1 ①2 ②6 ③10 ④4
⑤8 ⑥12 ⑦18 ⑧16
⑨14 ⑩8 ⑪18 ⑫14

2 ㋑、㋔、㋖を○で囲む。

25 3のだんの　九九 52ページ

1 ①9 ②6 ③3 ④12
⑤18 ⑥15 ⑦21 ⑧27
⑨24 ⑩9 ⑪18 ⑫24

2 ①2 ②5 ③7 ④9

26 4のだんの　九九 54ページ

1 ①4 ②12 ③20 ④16
⑤8 ⑥28 ⑦24 ⑧36
⑨32 ⑩16 ⑪36 ⑫28

2 ①2 ②5 ③6 ④8

27 2～5のだんの　九九の れんしゅう 55ページ

1 ①10 ②4 ③8 ④16
⑤14 ⑥6 ⑦15 ⑧30
⑨20 ⑩45 ⑪9 ⑫3
⑬21 ⑭6 ⑮12 ⑯27
⑰12 ⑱28 ⑲36 ⑳24

2 ①あ10 い25 う5 え35
お40 か30
②あ16 い4 う8 え32
お20 か28

3

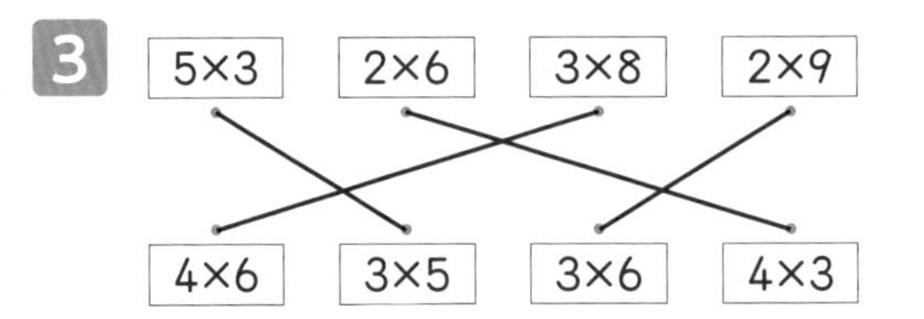

28 6のだんの　九九　58ページ

1 ①12 ②6 ③18 ④30 ⑤24 ⑥42 ⑦48 ⑧36 ⑨54 ⑩18 ⑪48 ⑫24

2 ㋑、㋔、㋗を○で囲む。

アドバイス　6〜9の段は、他の段の答えと混同して習得が難しくなります。九九を唱える練習をこれまで以上に行う必要があります。

29 7のだんの　九九　60ページ

1 ①7 ②28 ③14 ④35 ⑤21 ⑥56 ⑦42 ⑧49 ⑨63 ⑩14 ⑪28 ⑫56

2 ㋑、㋔、㋖を○で囲む。

30 8のだんの　九九　62ページ

1 ①40 ②16 ③32 ④8 ⑤24 ⑥64 ⑦56 ⑧72 ⑨48 ⑩64 ⑪24 ⑫56

2 ①2 ②4 ③6 ④9

31 9のだんの　九九　64ページ

1 ①18 ②9 ③36 ④27 ⑤45 ⑥63 ⑦81 ⑧54 ⑨72 ⑩36 ⑪81 ⑫63

2 ①3 ②5 ③6 ④8

32 1のだんの　九九　66ページ

1 ①4 ②1 ③2 ④5 ⑤3 ⑥7 ⑦9 ⑧6 ⑨8 ⑩2 ⑪4 ⑫7

2 ①1 ②3 ③5 ④9

33 6〜9、1のだんの 九九の　れんしゅう　67ページ

1 ①24 ②54 ③12 ④48 ⑤21 ⑥56 ⑦7 ⑧49 ⑨24 ⑩72 ⑪48 ⑫16 ⑬56 ⑭32 ⑮45 ⑯63 ⑰81 ⑱36 ⑲1 ⑳8

2 ①㋐21 ㋑35 ㋒7 ㋓63 ㋔14 ㋕42
②㋐18 ㋑36 ㋒9 ㋓54 ㋔27 ㋕72

(注：①②の記号は原文では ⓐあ、ⓘい、ⓤう、ⓔえ、ⓞお、ⓚか の丸囲みひらがな)

3 ①3 ②5 ③4 ④9 ⑤2 ⑥7 ⑦8 ⑧6

アドバイス　つまずきやすい九九をしぼり込みながら、すべての九九を正しく唱えられるまで、くり返し練習させましょう。

34 九九の　ひょうと 九九を　こえた　かけ算　70ページ

1 ㋐24 ㋑48 ㋒14 ㋓42 ㋔24 ㋕56

2 ①60
㋐45 ㋑50 ㋒55 ㋓60
②96
㋐72 ㋑80 ㋒88 ㋓96

アドバイス　1　㋐は、かけられる数が6、かける数が4なので、「6×4」の答えが入ります。九九の表の見方をよく理解させましょう。
2　かけ算のきまりを使い、㋐〜㋓のように順に求めていきます。

1 3140

2 ①6000 ②4708 ③5097 ④1200 ⑤36 ⑥10

36 10000までの 数の 計算 74ページ

1 ①1300 ②1100 ③1200 ④1400 ⑤1100 ⑥1500 ⑦1700 ⑧1200 ⑨1300 ⑩1400 ⑪1500 ⑫1800

2 ①200 ②700 ③300 ④600

37 長い 長さの 計算 76ページ

1 ㋐1m80cm ㋑3m40cm

2 ①1m60cm ②4m50cm ③4m70cm ④2m20cm ⑤1m40cm ⑥2m50cm

38 ふくしゅうテスト② 77ページ

1 ①12 ②16 ③15 ④18 ⑤30 ⑥72 ⑦14 ⑧8 ⑨36 ⑩21 ⑪24 ⑫36 ⑬18 ⑭32 ⑮54 ⑯28 ⑰45 ⑱24 ⑲7 ⑳56

2 ①44 ②84

3 ①1200 ②1100 ③1400 ④1600 ⑤1300 ⑥1600 ⑦1500 ⑧1300 ⑨600 ⑩700

4 ①2m80cm ②4m90cm ③4m30cm ④3m40cm

39 まとめテスト① 79ページ

1 ①57 ②70 ③96 ④139 ⑤140 ⑥124 ⑦100 ⑧105 ⑨392

2 ①5 ②9 ③35 ④75 ⑤38 ⑥96 ⑦13 ⑧69 ⑨465

3 ①35 ②18 ③8 ④42 ⑤16 ⑥24 ⑦42 ⑧63 ⑨9 ⑩32

4 ①130 ②80 ③1000 ④500 ⑤1400 ⑥900

5 ①10cm3mm ②2m60cm ③3L8dL ④1L2dL

1 ①123 ②31 ③70 ④149 ⑤100 ⑥102 ⑦68 ⑧31 ⑨96 ⑩90 ⑪7 ⑫75

2 ① $\begin{array}{r} 59 \\ +\ 8 \\ \hline 67 \end{array}$ ② $\begin{array}{r} 8 \\ +93 \\ \hline 101 \end{array}$ ③ $\begin{array}{r} 100 \\ -\ \ 6 \\ \hline 94 \end{array}$

3 ①21 ②27 ③48 ④8 ⑤1 ⑥25 ⑦28 ⑧64 ⑨24 ⑩36 ⑪40 ⑫48 ⑬18 ⑭5 ⑮63 ⑯12 ⑰14 ⑱36 ⑲72 ⑳56

4 ①120 ②900 ③1400 ④80 ⑤200 ⑥200